Medeverantwoordelijkheid voor natuur

Medeverantwoordelijkheid voor natuur

Redactie:
Greet Overbeek
Susanne Lijmbach

Wageningen Academic
P u b l i s h e r s

CIP-data Koninklijke Bibliotheek, Den Haag

ISBN 9076998108

Trefwoorden:
natuurbeleid
verantwoordelijkheid
zeggenschap

Eerste druk, 2004

Wageningen Academic Publishers

De individuele bijdragen in deze publicatie en alle verantwoordelijkheden die daar uit voortkomen blijven de verantwoordelijkheid van de auteurs.

Inhoudsopgave

Medeverantwoordelijkheid voor natuur

Woord vooraf

Het ministerie van LNV wil de ontwikkelingen rond natuur en landschap meer op hoofdlijnen sturen en processen tot verandering vaker faciliteren in plaats van zelf in te grijpen. Dit probeert men onder andere door meer verantwoordelijkheid voor natuur bij andere overheden en particulieren te realiseren. Hoewel het natuurbeleid een groeiende belangstelling heeft doorgemaakt, mede door de ontwikkeling van de Ecologische Hoofdstructuur, meer recreatie-mogelijkheden in natuur en meer natuurbeheer op agrarische bedrijven, heeft medeverantwoordelijkheid minder aandacht gekregen. Om zicht te krijgen op de knelpunten en perspectieven bij medeverantwoordelijkheid voor natuur zijn onderzoekers en beleids-deskundigen gevraagd een essay te schrijven. Het resultaat hiervan vormt deze bundel met bijdragen vanuit de bestuurskunde, commu-nicatiestudies, filosofie, sociologie en ruimtelijke ordening.

Bij het maken van deze bundel zijn verschillende mensen betrokken geweest. Allereerst Roel van Raaij, werkzaam bij de directie Natuur van LNV, die dit project heeft ondersteund. Vervolgens de auteurs van de essays met wie de redacteurs tijdens het schrijfproces veel hebben gecommuniceerd. Met Marie-José van Lent (Natuurmonumenten), Boris van der Ham (D66) en Willem Schoonen (dagblad Trouw) hebben zij de essays naderhand besproken op hun maatschappelijke betekenis. Vanuit het LEI hebben Huib Silvis en Zayd Abdulla een bijdrage geleverd aan de eindredactie. Namens de redacteurs wil ik ieder bedanken voor de samenwerking. Ik hoop dat de bundel verder bijdraagt aan ideeën om medeverantwoordelijkheid voor natuur een eigentijds gezicht te geven.

Vinus Zachariasse
Algemeen Directeur LEI B.V.

1. Inleiding

Greet Overbeek en Susanne Lijmbach

1. Aanleiding

In de afgelopen eeuw heeft de verantwoordelijkheid voor natuur een flinke groei doorgemaakt. Waar het een eeuw geleden vooral beleid was om gebieden met natuurwaarden te beschermen en dus ervan af te blijven, is het tegenwoordig de kunst om deze gebieden zo goed mogelijk te beheren. Het cultiveren van natuur heeft daarbij een hoge vlucht genomen, evenals de creatie en mobiliteit van natuur. Omdat veel natuurgebieden onder druk staan, wordt natuur verplaatst naar plekken waar meer ruimte is. Het menselijk ingrijpen in natuur-gebieden is steeds groter geworden. Natuur wordt hersteld, omgevormd en ontwikkeld. Dit gebeurt niet zonder beleidsmatige inspanningen.

De afgelopen decennia heeft het natuurbeleid via het ministerie van Landbouw, Natuur en (tegenwoordig) Voedselkwaliteit (LNV) vorm gekregen. Dit heeft in twee natuurbeleidsplannen geresulteerd. In het eerste natuurbeleidsplan in 1990 lag de nadruk op het behoud van biodiversiteit en de opzet van de Ecologische Hoofdstructuur (EHS) en daarmee op de zogenaamde 'donkergroene' natuur. In het tweede natuurbeleidsplan *Natuur voor Mensen, Mensen voor Natuur* komt er meer aandacht voor de vermaatschappelijking van natuur (Ministerie van LNV, 2000). Natuur is tegenwoordig niet meer alleen een gebied waar een hek om staat, maar ook een plek waar het hek juist voor iedereen open gaat. Tevens wordt op meer plekken land-schapsontwikkeling beoogd. De 'lichtgroene' natuur komt op. De vermaatschappelijking van natuur heeft op LNV mede gezicht gekregen door de 'Operatie Boomhut' en de ontwikkelingsgerichte landschapsstrategie. Zij zorgen er voor dat natuur niet langer alleen op biodiversiteit gericht is, maar verbreed wordt door de aandacht voor landschap en beleving.

Deze verbreding was overigens buiten de kringen van de rijks-overheid in de samenleving al langer aan de gang. Natuurervaringen van de *leisure class*, die vrijelijk over tijd en geld konden beschikken om erop uit te trekken, lagen een eeuw geleden ten grondslag aan de oprichting van natuurbeschermingsorganisaties. Tegenwoordig heeft vrijwel iedereen de mogelijkheden gekregen om van natuur te genieten (Schouten & van Ool, 2003).

Tot nu toe hebben in de beleidsstrategieën bij de vermaatschappelijking van natuur vooral de wensen voor verbreding van natuur centraal gestaan. De rijksoverheid wil echter ook de aandacht voor de bijdragen aan natuurbehoud verbreden en de verantwoordelijkheid hiervoor mede bij andere overheden en bij particulieren leggen. Dit streven naar medeverantwoordelijkheid vindt langzaam, maar nog niet voldoende weerklank. Veel actoren hebben iets met natuur, maar niets met natuurbeleid en -beheer. Een aantal knelpunten doet zich voor.

Voor welke natuur wordt een inzet gevraagd? De vermaatschappelijking van natuur laat een diversiteit aan beelden en wensen zien, waartussen nog weinig integratie plaatsvindt. Er zijn veel wensen, maar deze blijken vaak moeilijk in gezamenlijke doelstellingen voor natuurbeleid te formuleren.

Ondertussen speelt op Europees niveau het behoud van biodiversiteit via de Flora- en Faunawet, waarbij decentrale overheden worden geconfronteerd met de beschermde status van veel soorten bij ruimtelijke ingrepen. De beschermde status van deze 'modderkruipers' en internationale verplichtingen van Nederland staan een realisatie van 'natuur voor mensen' soms in de weg.

Voor veel particulieren is natuur een consumptiegoed, waarvoor zij bereid zijn te betalen, maar waar anderen in moeten voorzien. Dit gebeurt door contributies aan natuurorganisaties, donaties, legaties, loterijen en toegangsprijzen bij natuurgebieden. Een bijdrage in geld lijkt gemakkelijker geleverd dan adequaat of stimulerend gedrag ten gunste van natuur. De financiële bijdragen aan natuurbescherming lijken zich te stabiliseren, terwijl de actieve betrokkenheid bij natuurbescherming eerder af dan toeneemt.

Het vragen van individuele verantwoordelijkheid voor natuur aan particuliere eigenaren en instellingen door een beroep te doen om bepaalde activiteiten (niet) uit te voeren, stuit vaak op weerstand. Er zijn vele voorbeelden te noemen, zoals de vrees van grondeigenaren dat het plaatsen van landschapselementen een waardedaling van grond kan betekenen, het verzet van lokale overheden tegen de implementatie van de Flora- en Faunawet bij de aanleg van woonwijken en industrieterreinen en de weerstand van huiseigenaren tegen het kapverbod in eigen tuin.

Ten slotte blijft medeverantwoordelijkheid voor natuur vaak beperkt tot de vraag om bij te dragen aan het behoud en beheer van door anderen bepaalde natuur. Met het Pandabeertje werft het Wereld Natuur Fonds (WNF) leden onder de bezoekers van de Efteling, maar op het natuurbeleid van het WNF hebben deze leden weinig invloed (en soms is deze invloed ook niet gewenst).

Kortom, om medeverantwoordelijkheid voor natuurbeleid en -beheer te realiseren, is een systematischer inzicht nodig in de knelpunten hiervoor, de onderliggende processen en structuren én de perspectieven en mogelijkheden om deze te veranderen. Want het is niet overal en altijd kommer en kwel. In sommige situaties gaat het wél goed; daar is wel overeenstemming, bereidheid en gezamenlijke daadkracht met betrekking tot natuur.

2. Een verkennend project

Om meer inzicht te krijgen in de knelpunten en perspectieven voor medeverantwoordelijkheid voor natuurbeleid en -beheer, is het project 'Dilemma's bij medeverantwoordelijkheid voor natuur' opgezet. Het project maakt deel uit van het DLO-onderzoeksprogramma 'Mensen en Natuur' en is in samenwerking met directie Natuur van het ministerie van LNV tot stand gekomen (meer informatie over dit programma is te vinden op www.mensenennatuur.nl). De opzet van het project is dat onderzoekers uit verschillende sociaal-wetenschappelijke disciplines en experts uit het beleid in de vorm van een essay reflecteren op medeverantwoordelijkheid voor natuur. Van de schrijvers werd gevraagd hun reflecties toe te lichten aan de hand van een aantal voorbeelden uit de praktijk. De geboden voorbeelden staan in de laatste paragraaf van dit hoofdstuk.

Het verzoek om een essay te schrijven heeft negen bijdragen opgeleverd. De essays zijn geschreven door 14 auteurs werkzaam bij Wageningen UR, Katholieke Universiteit Nijmegen, het Sociaal en Cultureel Planbureau, de Raad voor het Landelijk Gebied en de VROM-raad. Zij zijn geschreven vanuit de optiek van bestuurskunde, communicatiestudies, filosofie, sociologie en ruimtelijke ordening. De schrijvers hebben vanuit hun wetenschappelijke en maatschappe-

lijke inzichten kansen en belemmeringen geïdentificeerd om medeverantwoordelijkheid voor natuur te realiseren. In een aantal essays
is hierbij gereflecteerd op de praktijkvoorbeelden. Daarnaast hebben
de essays ideeën voor vervolgonderzoek binnen het DLO-onderzoeksprogramma 'Mensen en Natuur' opgeleverd die de kans op
medeverantwoordelijkheid vergroten. Om de inzichten te toetsen
aan de maatschappelijke bruikbaarheid is door de redactie een bijeen-
komst georganiseerd waarin vertegenwoordigers vanuit de politiek en
maatschappij is gevraagd naar hun mening over de essays.

3. Overzicht van de bundel

Het organiseren en maken van een bundel essays levert doorgaans
een bonte mengeling, maar ook een snel overzicht van het te
bespreken thema op. De essays over medeverantwoordelijkheid voor
natuur zijn hier geen uitzondering op. Hoewel in bijna alle essays
wordt ingegaan op de maatschappelijke en wetenschappelijke
problemen om medeverantwoordelijkheid op te bouwen en kansen en
oplossingen worden aangedragen, zijn er ook verschillen in accent.
Sommige auteurs gaan meer in op de maatschappelijke probleemstelling, anderen maken een analyse van de vermaatschappelijking
van het natuurbeleid en weer anderen evalueren mogelijke oplossingen.

Pieter Leroy en Jaap Gersie beginnen in hoofdstuk 2 met een
terugblik op de tegendraadse ambities bij de vermaatschappelijking
van het natuurbeleid. Zij stellen dat al een eeuw lang sprake is van
vermaatschappelijking van natuurbeleid en -beheer, en wel in de
vorm van institutionalisering (bureaucratisering, professionalisering,
verwetenschappelijking). In plaats van een doorgaand proces van
vermaatschappelijking, spelen er eerder beleidsveranderingen onder
de Haagse kaasstolp en veranderende verhoudingen met andere
beleidsterreinen. In het huidige beleid omhelst vermaatschappelijking
het betrekken van het middenveld (organisaties, bedrijven, burgers)
bij het natuurbeleid. Belemmerende factoren hiervoor zijn de institutionalisering en het ontbreken van een wettelijk planningstelsel met
betrekking tot het natuurbeleid, waardoor de 'natuur' een zwakke
partij is ten opzichte van andere beleidsterreinen. Zij stellen voor
terughoudender met wetenschappelijke zekerheden om te gaan,

minder sectoraal eigenstandig te zijn en meer aandacht te schenken aan de haalbaarheid van de gekozen instrumenten.

In hoofdstuk 3 en 4 wordt ingegaan op de maatschappelijke problemen bij het realiseren van medeverantwoordelijkheid. Maarten Jacobs vraagt zich in hoofdstuk 3 af waarom de overheid zorgen heeft over een verondersteld gebrek aan verantwoordelijkheid voor de natuur, terwijl veel gedragingen van burgers op het tegendeel wijzen. Hij zet vervolgens de beloften en het natuurconcept van de overheid tegenover elkaar. Terwijl de beloften doorspekt zijn met termen zoals beleving, mensenwensen, en welzijn, wordt in de uitwerking vooral gesproken over ecologische kwaliteit, duurzaamheid en biodiversiteit. De overheid zou volgens hem vaker de bronnen van verantwoordelijkheid voor natuurbeleid (concrete natuur, dichtbij en waar men van houdt) als aanknopingspunt moeten kiezen bij de uitwerking van het natuurbeleid.

Bram van de Klundert laat in hoofdstuk 4 zien dat medeverantwoordelijkheid op verschillende schaalniveaus en beleidsniveaus betrekking kan hebben. Een belangrijk onderscheid is dat tussen instrumentele en intrinsieke medeverantwoordelijkheid. Het eerste komt overeen met een (betaalde) bijdrage aan de uitvoering van natuurbeleid, het laatste gaat over de inzet voor de natuur waar men om geeft, voor de kwaliteit van de eigen omgeving. De auteur spreekt zich duidelijk uit voor dit laatste; betaald natuurbeheer mag volgens hem niet eens medeverantwoordelijkheid worden genoemd. Overheden zouden duidelijk moeten maken waar wel en waar geen ruimte is voor invulling van doelen door burgers en maatschappelijke organisaties.

Vervolgens komen in hoofdstuk 5 tot en met en 7 analyses vanuit communicatiestudies, bestuurskunde en sociologie aan de orde. In hoofdstuk 5 gaat Noëlle Aarts in op de voorwaarden voor het betrekken van maatschappelijke actoren bij natuurbeleid en de rol die de overheid hierbij kan spelen. Zij maakt de vergelijking met het natuurbeleid begin jaren negentig. Naast de rol van boeren en de overheid, speelde toen, evenals nu, de pluriformiteit aan wensen met betrekking tot natuur en het verschil tussen woorden en daden. Deze laatste problemen zijn niet met psychologische of morele ingrepen glad te strijken. Om mensenwensen en natuurbescherming te realiseren heb je een actieve overheid nodig. Daarbij moet worden gezorgd dat mensen betrokken raken, dat medeverantwoordelijkheid helder is en wordt gefaciliteerd en dat deze ook medezeggenschap mogelijk maakt.

Marleen Buizer plaatst in hoofdstuk 6 de kwestie van medeverantwoordelijkheid voor natuur in de context van de modernistische en de postmodernistische sturingsfilosofie. In het eerste geval is medeverantwoordelijkheid het sluitstuk van het beleidsproces, waarbij actoren verantwoordelijkheid krijgen voor de uitvoering van het natuurbeleid (instrumentele medeverantwoordelijkheid). In het tweede geval is medeverantwoordelijkheid het startpunt van het beleidsproces, waarbij actoren verantwoordelijkheid nemen voor de invulling van natuurbeleid en planning (interactieve beleidsvorming). Gepleit wordt voor een grondige zelfanalyse door onderzoek en beleid, waarin de eigen modernistische denkkaders kritisch worden onderzocht en uitgewisseld.

Hans Dagevos en Koen Breedveld kijken in hoofdstuk 7 met een sociologische bril naar verantwoordelijkheid voor natuur en analyseren deze als beleidsthema, resultaat van de consumentenpraktijk en dilemma van collectieve actie. Als beleidsthema is verantwoordelijkheid actueel vanwege het politiek onvermogen om met individualisering om te gaan en ter versterking van het sociaal cement. In de consumentenpraktijk is verantwoordelijkheid uitgewerkt aan de hand van tijd en geld. Geld is er genoeg, tijd niet. Gebrek aan tijd wordt een probleem, evenals de trend tot 'afnemend genieten', waardoor de zorg voor natuur verder terug zal lopen. In conceptuele zin laat het dilemma van de collectieve actie zien dat maatschappelijke verantwoordelijkheid vraagt na te gaan wie wat te bieden heeft en wat het kost in tijd en geld, waarbij dus met name het gebrek aan tijd meer aandacht verdient.

In hoofdstuk 8 tot en met 10 komen auteurs aan het woord die aan de slag willen met medeverantwoordelijkheid. De oplossingen worden in verschillende maatschappelijke systemen gezocht. Jozef Keulartz en Cor van der Weele zien in hoofdstuk 8 kansen voor medeverantwoordelijkheid als mensen op een persoonlijke, duidelijke en zichtbare manier een bijdrage kunnen leveren. Toegankelijkheid en doorzichtige besluitvorming zijn hierbij belangrijke voorwaarden. Aan de hand van een aantal zelf gekozen praktijkvoorbeelden van medeverantwoordelijkheid lichten zij dit toe. De voorwaarden blijken bij ommuurde woningcomplexen (gated communities) en bij de besluitvorming door samenwerkende grondeigenaren maar ten dele gerealiseerd. Een groene dienstplicht kent deze problemen van ontoegankelijkheid en ondoorzichtigheid niet. Hoewel het de individuele vrijheid aantast, vormt dat volgens de auteurs geen probleem. Het probleem is momenteel juist dat individuele vrijheid niet in balans is met zorg voor de natuur.

Waar het voorgaande hoofdstuk de nadruk legt op het overheidsingrijpen als maatschappelijk systeem, richten Paul Levelink en Peter Nijhoff zich in hoofdstuk 9 op de creatie van nieuwe markten waar vraag en aanbod van natuur elkaar ontmoeten. Zij willen een markt voor groene dienstverlening creëren, waarop een overheid of projectontwikkelaar groen kan vragen, wat door boeren of terreinbeherende instanties geleverd kan worden. Een dergelijke beurs moet wel transparant zijn, maximale betrokkenheid opleveren, effectief middelen overdragen en zekerheid over de te bereiken kwaliteit bewerkstelligen.

In hoofdstuk 10 geven Kris van Koppen en Gert Spaargaren voorbeelden van bestaande markten met natuur als toegevoegde belevingswaarde. Daarin zoeken ze nieuwe spelregels voor medeverantwoordelijkheid en proberen ze natuur als collectief goed te verbinden met individueel genot. Zij vatten markten op als sociale structuren waarbinnen niet alleen economische maar ook morele regels met betrekking tot natuur (kunnen) gelden. Dergelijke markten zien zij als aanvulling op de bestaande 'klassieke' structuur van natuurbeleid (opzij zetten van natuur als collectief goed, ondersteund door breed publiek draagvlak). Aan de hand van voorbeelden over het handelen van burger-consumenten in relatie tot anderen pleiten zij voor medeverantwoordelijkheid via de keten als aanvulling op natuurbeleid. Voorgesteld wordt om de kansen van keurmerken en institutioneel vertrouwen, zo mogelijk gekoppeld aan directe, zintuiglijke ervaringen en persoonlijk vertrouwen, en de rollen van overheden cq. consumenten in deze nieuwe arrangementen nader te onderzoeken.

In hoofdstuk 11, de slotbeschouwing, worden de opbrengsten en de mogelijkheden voor vervolgonderzoek en het maatschappelijk perspectief van medeverantwoordelijkheid besproken. Dit geschiedt in de vorm van een weergave van het gesprek met maatschappelijke vertegenwoordigers op terrein van medeverantwoordelijkheid en duurzaamheid, te weten Marie-José van Lent (Natuurmonumenten), Boris van der Ham (D66) en Willem Schoonen (dagblad Trouw).

4. Praktijkvoorbeelden

Landbouw en natuur: wie zorgt voor de grutto?
Tussen 1990 en 2000 is het aantal broedparen van de grutto in Nederland gedaald van 87.000 naar 58.000. De intensieve landbouw is verantwoordelijk voor de achteruitgang van de grutto. Daar zijn de diverse partijen het wel over eens. Een combinatie van verlaging van het waterpeil, gebruik van kunstmest en vroeg maaien is desastreus voor de grutto. Maar wie is verantwoordelijk voor het herstel en behoud van de grutto? Daarover zijn de meningen verdeeld.

"De grutto: verantwoordelijkheid van boer, natuurbescherming en overheid", kopt het Centrum voor Landbouw en Milieu (Agrarisch Dagblad, 9 augustus 2000). Omdat de grutto weides en dus boeren nodig heeft, bepleit het CLM agrarisch natuurbeheer. Dankzij nest-bescherming door boeren en vrijwilligers en - op een klein aantal bedrijven - mozaïekbeheer (niet alle percelen tegelijk maaien, omdat gruttokuikens hoog gras nodig hebben om voedsel te vinden), is het gruttobestand in Waterland, in tegenstelling tot elders en ondanks waterpeilverlagingen, niet achteruitgegaan. Bij deze gruttobescher-ming doen de boeren en vrijwilligers het werk; de overheid draagt de financiële verantwoordelijkheid in de vorm van compenserende subsidie (in 2001: 560 gulden/gruttonest).

Het artikel van het CLM was een reactie op Henk van Halm in Trouw (17 mei 2000). Volgens deze laatste is voor het behoud van de grutto in de eerste plaats een hoog waterpeil nodig, wat eigenlijk alleen kan in reservaten. Volgens zijn telling was het gruttobestand de laatste 10 jaar alleen in een paar reservaten die door natuurbescher-mingsorganisaties worden beheerd, op peil gebleven.

Een voorbeeld is de beheersboerderij van Natuurmonumenten in het Wormer- en Jisperveld (NH), in 1998 tot stand gekomen dankzij de actie 'Geef gul voor de grutto'. Ook Natuurmonumenten is van mening dat de grutto niet zonder koeien, en dus boeren, kan. Maar, zij past agrarisch beheer in natuurbeheer in, in plaats van andersom, zoals het CLM bepleit. Twee biologen van Wageningen Universiteit delen de mening van Natuurmonumenten. De overheid kan de 45 miljoen euro voor agrarisch natuurbeheer beter besteden aan aankoop van terreinen voor natuurbeschermingsterreinen. Natuurbeschermingsorganisaties doen het werk; de overheid en (leden van natuurbeschermingsorganisaties) zorgen voor het geld.

Momenteel lopen enkele acties waardoor ook burgers bij kunnen dragen aan de bescherming van de grutto. Het project Nederland-Gruttoland van Vogelbescherming Nederland, Landschapsbeheer Nederland en BoerenNatuur Nederland moet het tij voor de grutto keren. Ook de biologische zuivelmerken van Campina, De groene koe en Zuivel Zuivel dragen de grutto een warm hart toe. Wie 25 zegels of streepjescodes van hun melkpakken spaart, ontvangt een fraaie weidevogel-herkenningskaart, maakt kans op een verrekijker en schenkt Vogelbescherming Nederland 5 euro. (www.grutto.nl)

Bewoners en natuur: medeverantwoordelijkheid voor groen
- *1%-regeling*

Het Tweede-Kamerlid Boris van der Ham (D66) vindt dat voortaan minimaal één procent van het budget voor nieuwe bouwprojecten of renovatiewerkzaamheden naar 'groen' moet gaan. De verplichte groenregeling is vergelijkbaar met de huidige kunstregeling die bepaalt dat één procent van het bouwbudget naar kunst in of om gebouwen gaat: "Bij nieuwbouwprojecten zijn er eerst altijd prachtige plannen voor mooie bomen en leuke parkjes en vervolgens komt men niet uit met de begroting en dat gaat dan ten koste van het groen." (Metro, 14 maart 2003).

- *Groen door Rood*

Dit is een concept van Amstelland Ontwikkeling en laat kopers van woningen een financiële bijdrage leveren aan natuur, bos en landschap. De extra kosten per nieuwe woning zijn enkele duizenden euro's, de waarde van de woning stijgt het veelvoudige. Het gaat hier om openbare ruimten, waarvoor Amstelland Ontwikkeling de inrichting en het onderhoud organiseert. Met overheden, natuur- en landbouworganisaties en landgoedeigenaren wordt overlegd over de hoeveelheid en kwaliteit van natuur, bos en landschap, zowel vóór als na de woningbouw. Zo ontstaan kleinschalige, hoogwaardige woonomgevingen (Brochure Amstelland Ontwikkeling).

- *Een tuin van de hele buurt*

De Culemborgse wijk EVA-Lanxmeer is gebouwd volgens ecologische principes. De bewoners hebben hier voor gekozen en worden intensief betrokken bij de inrichting van de wijk. De huizen zijn gebouwd rondom binnenhoven, die grenzen aan de privé-tuinen en gemeenschappelijk bezit zijn. Ieder betaalt via koop of huur mee aan het gemeenschappelijk bezit van zo'n binnenhof. Elk binnenhof krijgt van de gemeente een eenmalige subsidie voor het gezamenlijk proces van ontwerp en voor de inrichting van de gemeenschappelijke tuin. Samen met een landschapsarchitect, een hovenier en een sociale en technische procesbegeleider hebben bewoners van enkele binnenhoven hun gemeenschappelijke tuin ontworpen en ingericht (Noorduyn & Wals, 2003).

Vakantieganger heeft lak aan milieu
Nederlanders die in eigen land op vakantie gaan, hechten veel waarde aan een mooi landschap. Zij willen genieten van de natuur met veel rust en ruimte. Voor het milieu voelt de recreant zich echter weinig verantwoordelijk. Dat blijkt uit onderzoek van koepelorganisatie Toerisme Recreatie Nederland (TRN) onder ruim duizend personen. "Het is opvallend hoe weinig de mensen bereid zijn hun vakantiegedrag aan te passen voor behoud van die mooie natuur waarvan ze genieten" (Telegraaf 1 april 2003), aldus onderzoekster Nieuwhof van TRN. Zo wijst zij erop dat recreanten in een huisje wel hun afval scheiden als ze dat direct bij het vakantiehuisje kunnen doen. "Maar zodra ze honderd meter moeten lopen met hun afval is het alweer teveel gevraagd." Bijna de helft vindt het hinderlijk als zij zwerfafval tijdens de vakantie tegenkomen. Bijna 40% denkt zelf in beperkte mate mee te werken aan milieubevuiling tijdens de vakantie. Ruim 80% is van mening dat zwerfvuil door anderen wordt veroorzaakt. Bijna tweederde is niet bereid om zijn vakantiegedrag aan te passen omwille van het milieu. "De meeste mensen zeggen dat ze al voldoende rekening houden met het milieu en vinden dat vooral anderen het eens moeten doen", stelde Nieuwhof vast.

Ruimtelijke ontwikkeling en natuur: de Blauwe Stad
Jan Kleine werkt als projectmanager aan de Blauwe Stad, een water- en woongebied in Oost-Groningen: "In de Blauwe Stad kan je straks wonen in de natuur, op een ruime kavel, in een groot huis en voor een betaalbare prijs. Wonen aan de oever van een meer, of wonen op een eiland. Wij doen er alles aan om een plan te ontwikkelen waar iedereen wat aan heeft. De dorpen langs de rand van de Blauwe Stad

komen straks aan het water te liggen. Wij willen dat de dorpen van hun nieuwe ligging kunnen profiteren. Daarom moet de Blauwe Stad toegankelijk en aantrekkelijk zijn voor de dorpsbewoners. Lokale ondernemers krijgen de kans om nieuwe bedrijvigheid te ontwikkelen. Water is goed voor de omgeving. Maar water kost geld. Dat moet worden terugverdiend met de bouw van woningen. Je moet die grond verwerven en ervoor zorgen dat er niet te veel gespeculeerd wordt. Anders wordt je plan onbetaalbaar. Er komt 350 hectare natuurgebied, als onderdeel van de EHS. Ik vind het wel een gemiste kans dat de invulling van de EHS zo sectoraal plaatsvindt. Gechargeerd: hek eromheen en wegblijven, want anders is het geen echte natuur. Er is veel discussie, ook binnen de provincie, maar de regels zijn nu eenmaal zo en scheiding van functies is overzichtelijker dan verweving. Wij willen natuur wel combineren met wonen en recreatie. Een integrale ontwikkeling die uitgaat van het gebied zelf en niet van een abstract natuurbegrip als EHS. In het ontwerp is de schaal van het landschap een essentieel gegeven. Het land ligt veel lager de rest van Oost-Groningen, tussen twee dekzandruggen. Die kom tussen de zandruggen heeft een zekere intimiteit. Dat is een kwaliteit die we gaan gebruiken."(Abrahamse & Webbink, 1999).

Literatuur

Abrahamse, J. E. & J. Webbink (1999). Waterwereld in Oost-Groningen. *Dorpslandschappen* 3.

Ministerie van LNV (2000) *Natuur voor mensen, mensen voor natuur. Nota natuur, bos en landschap in de 21e eeuw.* Den Haag: Ministerie van Landbouw, Natuurbeheer en Visserij.

Natuurbeleidsplan (1990). Regeringsbeslissing. Den Haag: SDU Uitgeverij.

Noorduyn, L. & A. Wals (2003). *Een tuin van de hele buurt.* Wetenschapswinkel Wageningen UR, rapport 192.

Schouten, M. & M. van Ool (2003). *Werken met waarden bij Staatsbosbeheer. Natuurbehoud als beschavingsnorm.* Driebergen: Staatsbosbeheer.

2. Een historisch tegendraadse ambitie: de vermaatschappelijking van het natuurbeleid in Nederland

Pieter Leroy en Jaap Gersie

De ontwikkelaars en uitvoerders van het Nederlandse natuurbeleid worstelen met 'vermaatschappelijking' en 'medeverantwoordelijk-heid'. Die begrippen staan voor een herverdeling van verantwoordelijkheden tussen overheid en samenleving. Bepleit wordt dat zowel burgers als middenveldorganisaties en marktpartijen 'participeren' in het natuurbeleid. Maar terwijl de Nederlandse burgers, getuige opiniepeilingen en lidmaatschappen, zeer natuurminnend zijn en zij, gezien hun recreatiegedrag, ook volop gebruikmaken van de natuur, lijkt 'meedoen met het natuurbeleid' niet hun eerste wens. Middenveldorganisaties, klassiek of recenter bezig met natuurbescherming, staan sceptisch tegen het appèl van de overheid om meer zélf te doen: is dit 'participatie' of wellicht 'delegatie'? En marktpartijen zien weinig winst in het ondersteunen van een natuurbeleid dat immers vaak beperkingen aan het vrije ondernemerschap oplegt.

Moeten burgers en organisaties dus beter gemobiliseerd, steviger gemotiveerd en daarmee tot medeverantwoordelijkheid verleid worden? Kunnen klassieke of hedendaagse participatieve technieken daarbij helpen? Of staat het natuurbeleid zelf in de weg, omdat de geschiedenis van het natuurbeleid een met participatie tegenstrijdig beeld laat zien, en 'vermaatschappelijking' dus historisch tegendraads is?

In deze bijdrage verkennen we de mogelijkheden en beperkingen van een vermaatschappelijkt natuurbeleid op basis van een historische schets van het natuurbeleid, van inzichten in de relatie tussen wetenschap en natuurbeleid, en van ervaringen met vermaatschappelijking in belendende beleidsvelden. In de eerste paragraaf staan we stil bij de meervoudige betekenis van begrippen als vermaatschappelijking. Paragraaf 2 schetst de ontwikkeling van de natuurbescherming vanaf de 19e eeuw tot aan het *Natuurbeleidsplan* (hierna NBP) in 1990 als een vorm van vermaatschappelijking. In paragraaf 3 staat de verwetenschappelijking van het natuurbeleid centraal. Het gaat traditioneel om ecologische kennis, recenter ook om bijdragen vanuit de beleidswetenschappen. In paragraaf 4 verklaren we de problemen met 'vermaatschappelijking' van het natuurbeleid vanuit de historische analyse, en in paragraaf 5 schetsen we alternatieve wegen voor die 'vermaatschappelijking'. Die wegen zijn bescheidener, maar misschien ook meer begaanbaar dan de ambitieuze routes die de instigatoren van deze strategie de afgelopen jaren hebben uitgezet.

1. 'Verbreding' en 'vermaatschappelijking' in veelvoud

In de recentste rijksnota over het natuurbeleid in Nederland, *Natuur voor mensen, mensen voor natuur* (hierna NvMMvN) (Ministerie van LNV, 2000) kiest het kabinet voor een 'verbreding' van het natuurbeleid. Deze verbreding wordt in de nota drievoudig uitgewerkt. In de eerste plaats is de natuur er niet alleen voor zichzelf, maar ook voor het welzijn van de mens. Natuurbeleid moet daarom aansluiten op de wensen van mensen. In de tweede plaats wordt het natuurbegrip breed opgevat: van stadsnatuur tot mondiale biodiversiteit. Ten derde verwacht men dat de verantwoordelijkheid voor de natuur in de samenleving breed wordt gedragen: de rijksoverheid zal zelf verantwoordelijkheid nemen, maar ook anderen aanspreken op hun verantwoordelijkheid. 'Verbreding' betekent dus ten minste drie dingen: een nieuwe visie op de functionaliteit van de natuur, een nieuwe visie op de definitie van natuur, en een nieuwe visie op wie verantwoordelijk is voor natuur.

'Verbreding' wordt in de beleidswetenschappen wel gebruikt voor de expliciete of stilzwijgende pogingen tot uitbreiding van een beleidsterrein. Zo gaat het Nederlandse natuurbeleid allang niet meer alleen over natuurgebieden, maar ook over natuur in agrarisch gebied, langs wegen en waterlopen, tot en met natuur in de stad. Met dit traject 'van Waddenzee naar voordeur' wordt het traditionele werkterrein van het natuurbeleid tentatief uitgebreid tot in het hart van een ander ministerie: het stedelijke gebied van VROM (Gersie, 1996). Dit is echter niét de interpretatie van 'verbreding' in de nota NvMMvN, integendeel: de overheid wil rekening houden met de functies van natuur voor de mens (verbreding 1), met alle mogelijke articulaties van 'natuur' in de samenleving (verbreding 2), maar voelt zich niet in staat het alleen op te knappen (verbreding 3). Met een appèl op hun (mede)verantwoordelijkheid vraagt zij andere maatschappelijke organisaties ook een duit in het zakje te doen. Daarmee draagt het begrip 'verbreding' diverse tegenstrijdigheden en dilemma's van het natuurbeleid in zich: tussen een ambitieuze en een bescheiden overheid; tussen een van overheidswege bepaald natuurbegrip en de aansluiting bij de maatschappelijke wensen ter zake; tussen een door de overheid gegarandeerd collectief goed en een appèl voor particuliere inspanningen. Een beetje tekstanalist leest in een op het eerste gezicht eenduidige beleidsnota al gauw een wirwar aan paradoxen en contradicties, getuigen van een onafgewerkte worsteling met de materie.

De auteurs hebben wellicht zelf ook dat gevoel gehad: na de eerste paragrafen van NvMMvN maakt de term 'verbreding' al snel plaats voor 'vermaatschappelijking'. Dit betekent, eveneens drievoudig vertaald, dat men rekening wil houden met (1) de natuurdefinities en (2) de natuurbelangen van de samenleving, terwijl (3) diezelfde samenleving meer dan vroeger voor haar eigen natuur zorg moet dragen.

Maar ook de term 'vermaatschappelijking' geeft te denken. Het pleidooi daarvoor in NvMMvN impliceert immers een (zelf)kritiek op de kennelijk 'onmaatschappelijke' situatie totnogtoe. De drievoudige verbreding is mede een reactie op het beleid uit het NBP van 1990. Dat 'oude' beleid wordt in NvMMvN, zij het impliciet, gekenschetst als uitsluitend gebaseerd op de eigen, intrinsieke waarde van de natuur, als eenzijdig wetenschappelijk-ecologisch geïnspireerd, en als sterk overheidsgedomineerd. Uit die vergelijking blijkt tevens dat 'vermaatschappelijking' in NvMMvN een normatief procesbegrip is: vermaatschappelijking wordt gezien als vooruitgang, als een goede, nastrevenswaardige ontwikkeling waarbij een fenomeen (in casu natuur of natuurbeleid) in steeds meer sectoren van de samenleving mede de gang van zaken gaat bepalen.

In de sociale wetenschappen wordt 'vermaatschappelijking' doorgaans minder normatief gebruikt. Het gaat dan om de wijze waarop een samenleving omgaat met een fenomeen, hoe daarover wordt gedacht en daaraan wordt gewerkt, en hoe die maatschappelijke omgang leidt tot instituties: patronen van opvattingen, praktijken en regels. Dit algemeen sociologische proces van institutionalisering kan ook worden toegepast op 'beleid': naar gelang de dominante opvattingen en praktijken zich ontwikkelen, evolueren beleidsvelden met verschuivende regels en interventies rondom wisselende maatschappelijke problemen - van alcoholisme tot drugsverslaving, van burenhinder tot milieubeleid.

Bij beleidssociologische analyses worden bovendien begrippen als verwetenschappelijking, professionalisering en bureaucratisering gebruikt om die algemene processen van institutionalisering te verbijzonderen en preciezer te kwalificeren. In deze sociologische betekenissen staat 'vermaatschappelijking' soms veraf van de normatieve betekenis zoals NvMMvN die hanteert. Vanuit (beleids)sociologisch perspectief kan de ontwikkeling van het natuurbeleid immers beschreven worden als een serie initiatieven waarbij elites van wetenschappers, professionals en bureaucraten dit maatschappelijke probleem en beleidsveld juist aan de maatschappij onttrekken en daar op een eigen, voor de rest van de samenleving onbetrokken wijze mee aan de slag gaan. Toch gebruiken we in het vervolg van dit essay het begrip 'vermaatschappelijking' (van het natuurbeleid) in de interpretatie van de huidige natuurbeleidsmakers. Tegelijkertijd laat juist ons bredere, algemeen sociologische perspectief op de omgang van de samenleving met het fenomeen natuur ons toe kritisch om te gaan met de normatieve interpretatie in NvMMvN.

2. De vermaatschappelijking van de natuurbescherming in het natuurbeleid

De geschiedenis van de Nederlandse natuurbescherming is al op vele wijzen beschreven en geïnterpreteerd (ondermeer Gorter, 1986; Van der Windt, 1995; De Jong, 2002; Coesèl, 2003). Het natuurbeleid wordt daarin - terecht - meestal beschouwd als een late publieke vrucht van een vanouds private maatschappelijke beweging. De ontwikkeling van het rijksnatuurbeleid is een vorm van vermaatschappelijking van de natuurbescherming. Ten eerste omdat het maatschappelijke thema 'natuur' slechts op de beleidsagenda komt als dat thema in de goede termen, met een zekere omvang van het maatschappelijk draagvlak, en met haalbare wensen wordt bepleit. In de tweede plaats krijgen, na vaststelling en institutionalisering van dat beleid, ook groepen die de natuur geen warm hart toedragen, er door het gezag of de macht van de overheid toch mee te maken.

De natuurbeschermingsbeweging is ontstaan vanuit een randstedelijke elite van kunstenaars, wetenschappers en notabelen. De groene rust en ruimte van hun midden-19e-eeuwse leefomgeving werd door de industriële revolutie ernstig verstoord. Hoewel vanaf het begin bewegingen richting de overheid werden gemaakt, bleven de activiteiten van de natuurbescherming in het eerste kwart van de 20e eeuw beperkt tot private aankopen van natuurgebieden, passend bij het liberale politieke bestel van die tijd, retorisch ondersteund door de 'draaggolfcampagne' *avant la lettre* van Heijmans en Thijsse in de *upper and middle classes* (Coesèl, 2003). Dat veranderde geleidelijk na de invoering van het algemeen kiesrecht in 1918, waardoor socialistische ideeën over overheidsingrijpen meer kans kregen. In het verlengde daarvan kreeg 'natuur' nu ook betekenis voor de gezondheid en recreatie van de stedelijke arbeidersklasse: de elitaire natuuropvatting werd - niet zonder inhoudelijke wendingen - gedemocratiseerd. Tegelijkertijd werd natuur hiermee ook een interessant thema voor de ontluikende ruimtelijke ordening en haar maatschappelijke ambities.

De eerste algemene natuurwetgeving dateert uit 1928 (de Natuurschoonwet). Mede door de crisis in de jaren dertig stagneerde de ontwikkeling van het natuurbeleid. Geld voor het landelijke gebied ging naar de landbouw, die zich succesvol verzette tegen verdere uitbreiding van de overheidsbemoeienis met natuurbehoud. Van de weeromstuit ontstond in de natuurbescherming een hechte coalitie van particuliere natuur- en landschapsorganisaties rond de Contactcommissie voor natuur- en landschapsbehoud (CC, voorloper van de huidige Stichting Natuur en Milieu) (Dekker, 2002), die in Den Haag wel enig gehoor vond, maar geen echte doorbraak in de politiek kon bewerkstelligen. Dat lukte pas in 1943 toen onder invloed van de Duitse bezetter, al jaren gewend aan natuurbehoud van staatswege, een 50%-subsidieregeling voor particuliere natuuraankopen werd ingesteld. Zoals meer regelgeving uit die tijd, bleef de rijkssubsidie na de oorlog bestaan en werd zij zelfs uitgebreid met een forse bijdrage van de provincies.

Door de aandacht voor wederopbouw en ontwikkeling van de landbouw kwam er pas in de jaren zestig nieuwe natuurwetgeving. In 1968 kreeg Nederland - als één van de laatste landen in Europa - eindelijk een natuurbeschermingswet. Maar voor de vermaatschappelijking van de natuurbescherming is de ontplooiing van de ruimtelijke ordening in die jaren waarschijnlijk van meer betekenis geweest. Ondersteund door een wettelijk planningsstelsel heeft het ruimtelijk facetbeleid jarenlang de belangen van kleine beleidsterreinen zoals het natuurbeleid behartigd. Weliswaar deed de ruimtelijke ordening dat vanuit een eigen visie en niet altijd even succesvol, maar zonder de ruimtelijke ordening zouden natuur en natuurbeleid er nu ongetwijfeld anders uitzien. Zo prijkt in de *Tweede Nota over de ruimtelijke ordening in Nederland* (Ministerie van VRO, 1967) een ruimtelijke hoofdstructuur van 'park- en watersportgebieden', onderling verbonden door 'landschappelijk en recreatief te ontwikkelen verbindingszones', die sterk lijkt op de structuur van kerngebieden en verbindingszones van de huidige EHS. Maar, in 1967 ging het om een structuur voor recreërende stadsbewoners, nu voor bedreigde planten en dieren; over vermaatschappelijking gesproken!

De culturele revolutie en de daarmee samenhangende 'milieugolf' in de jaren zeventig (Jamison, 2001) betekenden een belangrijke impuls voor de maatschappelijke status van de natuurbescherming. Enerzijds weerspiegelde de verarming van flora en fauna de algemene aftakeling van het milieu, waarvan ook de mens het slachtoffer zou worden. Anderzijds werd een gezonde, rijke natuur niet alleen symbool voor het beoogde schone milieu, maar droeg zo'n natuur daaraan ook zelf bij via de aan haar toegedachte vermogens tot regulering en stabilisatie van de milieucondities. De maatschappelijke commotie rond natuurbeschermingsissues is nooit zo groot geweest als in die jaren. Actievoerders verzetten zich lijfelijk tegen de aantasting van natuurgebieden (Amelisweerd), tot in de dagbladpers werd gediscussieerd over het oprichten van een wetenschappelijk instituut voor natuurkartering (toen 'milieukartering' genoemd), en de zogenaamde Kritische Natuurbeschermers pleitten voor een functionele natuurbeschermingsvisie, waarbij elke vorm van ruimtegebruik geacht werd een stapje terug te doen ten behoeve van de natuur ter plekke. Deze laatste vorm van vermaatschappelijking is overigens alleen voor de landbouw beleidsmatig uitgewerkt in de beheersovereenkomsten van het Relatienotabeleid van 1975. Over de strategie, vormgeving en effectiviteit van dit agrarische natuurbeheer, tegenwoordig onder het Programma Beheer, wordt nog steeds gediscussieerd.

Daarna is er van deze vermaatschappelijking van het natuurbeleid in de jaren zeventig opmerkelijk weinig overgebleven. Inspraak en participatie, belangrijke issues in het ruimtelijk en het milieubeleid van de jaren tachtig en mede in het leven geroepen om zowel lokale als landelijke politieke conflicten te accommoderen (Leroy & Van Tatenhove, 2000), zijn in het natuurbeleid nauwelijks uitgewerkt. Het ontbreken van voldoende maatschappelijke controverse is één mogelijke verklaring, de toentertijd oppermachtige en natuurvijandige landbouw een tweede. De hechte, maar kleine en relatief zwakke coalitie van natuurbeschermers had in die omstandigheden geen belang bij veel 'vermaatschappelijking'. Daarbij speelde ook de geringe omvang en beperkte macht van de natuurambtenarij bij het toenmalige ministerie van CRM (Cultuur, Recreatie en Maatschappelijk werk) een rol. Onder zulke omstandigheden kan een klein beleidsterrein zich veiliger verder ontwikkelen onder de vleugels van een sterke bondgenoot. Voor het natuurbeleid was dat tot 1982 de ruimtelijke ordening, die in die jaren uitgroeide tot een procedureel zwaar opgetuigde vorm van algemeen coördinerend omgevingsbeleid. Ook het natuurbeleid heeft daarvan geprofiteerd. Onder de vlag van de planologische kernbeslissing (pkb) schreven de natuurbeleidsmakers, samen met de planologen, hun eerste strategische beleidsnota's. Wervende concepten, prioriteitsstelling, financiële onderbouwing en aandacht voor de uitvoering waren toen bepaald geen sterke punten. Toch zijn de kwaliteiten van het NBP van 1989-'90 waarschijnlijk mede te danken aan de leerervaringen in de pkb-procedures van vóór 1982, het jaar waarin het natuurbeleid verhuisde naar LNV.

Die plotselinge overplaatsing van het natuurbeleid tijdens de kabinetsformatie van 1982 vanuit het opgeheven ministerie van CRM naar het toenmalige ministerie van LNV leek het begin van het einde van het natuurbeleid. Juist in de periode van grote zorg over de zwakke positie van de oud CRM-medewerkers binnen LNV (CED, 1992), verscheen het eerste strategische rijksnatuurbeleidsplan, het NBP (1989-'90). Aan deze opmerkelijke gang van zaken en de verdere ontplooiing van het natuurbeleid binnen LNV liggen verschillende factoren ten grondslag. In de eerste plaats waren in de internationale 'milieuforie' van de late jaren tachtig 'groen' en 'grijs' milieubeleid onlosmakelijk met elkaar verknoopt geraakt. De regering vroeg daarom ook expliciet om een 'groene' ondersteuning van het nieuwe milieubeleid (CED, 1992). Eén milieu- en natuurbeleidsplan was dan, vanwege de scheiding der departementen, onhaalbaar. Het beleidsdocument voor het grijze milieu, het Milieubeleidsplan, vormde in meer dan een opzicht de mobilisator waaraan het NBP zich kon optrekken. Dat gaf, ten tweede, LNV de kans met een gedegen en aansprekend beleidsplan het geschonden imago van slechte werkgever te ontzenuwen. In de derde plaats kon LNV zo meedoen aan de ronde van strategisch omgevingsbeleid die aan het einde van de jaren tachtig van start ging: in de serie van nieuwe rijksnota's over ruimtelijke ordening, water, milieu, mobiliteit en andere, weet LNV zich nu met het natuurthema relatief eenvoudig een plaats te verwerven, en met de EHS zijn eigen ruimtelijke claims op tafel te leggen.

Eén neveneffect daarvan verdient hier aparte vermelding: de versterking van het natuurbeleid speelde, ondersteund door het eveneens van CRM overgekomen landschaps- en recreatiebeleid, een belangrijke rol bij de ontwikkeling van LNV van een (corporatistisch) sectordepartement naar een (veel meer etatistisch) ministerie van algemene zaken. Dankzij de oud CRM-afdelingen werd LNV, ten koste van de ruimtelijke ordening, de dominante overheidsactor in het landelijk gebied, aanvankelijk met nog vrijwel uitsluitend agrarische, maar geleidelijk ook met ándere belangen. Voor LNV als geheel bood deze verbreding (!) naar minder agrarische beleidsterreinen trouwens enige compensatie voor het verlies aan imago door de problemen in de landbouw (overproductie, mest, dierenwelzijn, veeziekten). Met initiatieven in de regio rondom natuur en landschap (WCL, SGP en andere) weet LNV de bedreigingen voor zijn terrein, uitgaand van initiatieven van VROM (ROM-gebieden) en V&W (integraal waterbeheer, ruimte voor de rivier) te counteren. Zo is het natuurbeleid, ondanks en dankzij zijn aanvankelijk benarde positie binnen LNV, een volwaardige partij in de recentste golf van strategisch omgevingsbeleid die, met de publicatie van weer een nieuwe serie beleidsnota's, rond 2000 van start gaat. De nota NvMMvN is een positiebepaling van LNV - en niet alleen maar van het N-deel daarvan - in die nieuwe politieke ronde.

Concluderend: uit deze historische schets is duidelijk dat de ontwikkeling van het rijksnatuurbeleid bepaald niet kan worden beschreven als een geleidelijk doorgaand proces van vermaatschappelijking, zoals gepropageerd in NvMMvN. Het maatschappelijk draagvlak voor natuurbescherming is, afgaand op het aantal leden van natuurbeschermingsorganisaties en de gemeten preferenties van bezoekers van het platteland, de laatste decennia flink toegenomen. Maar de ontwikkeling van het natuurbeleid kan bezwaarlijk worden verklaard als een resultante van maatschappelijke zorg over de natuur. De ontwikkeling van het natuurbeleid heeft zich vooral 'onder de Haagse kaasstolp' voltrokken. Politieke en bestuurlijke verhoudingen zijn daarvoor bepalend geweest, zelfs als die hier en daar mede beïnvloed zijn door de vanouds goede contacten tussen de voormannen van grote natuurbeschermingsorganisaties en politici (vooral ter liberale zijde). De indruk is dat het natuurbeleid zich vooral dan kon ontplooien als andere, sterkere beleidsterreinen daar ruimte én bescherming voor gaven (de ruimtelijke ordening), of zich zelf daarmee konden sieren (het milieubeleid).

Dat leidt tot een ander opvallend kenmerk: terwijl het natuurbeleid momenteel een volwaardige partner lijkt in de arena van het omgevingsbeleid, is het daar toch niet de sterkste partij. Het natuurbeleid mag weliswaar regelmatig strategische rijksnota's produceren, een opvallende zwakte is dat het - en ánders dan de ruimtelijke ordening, het milieu- en het waterbeleid -, niet beschikt over een eigen wettelijk planningstelsel. Hiermee mist het natuurbeleid in de eerste plaats een eigen kanaal voor de doorwerking van het rijksbeleid naar lagere overheden. In de tweede plaats mist het daarmee ook de koninklijke weg naar de natuur(probleem)beleving van gewone mensen en hun middenveldorganisaties. Vermaatschappelijking ligt, mede vanwege deze historisch-institutionele positie, dus bepaald niet voor de hand.

3. De verwetenschappelijking van het natuurbeleid

Ook de verwetenschappelijking van natuurbescherming en natuurbeleid staat 'vermaatschappelijking' daarvan in de weg, zo willen we in deze paragraaf aangeven.

Vanaf het begin probeerden de natuurbeschermers hun maatschappelijke positie te versterken door hun motieven, probleemdefinities en oplossingsrichtingen zoveel mogelijk te onderbouwen met inzichten uit de wetenschap, in het bijzonder uit de biologie en de ecologie. Dat was in de 20^e eeuw een slimme strategie, gegeven het grote maatschappelijke vertrouwen in de geldigheid en betrouwbaarheid van wetenschappelijke kennis toentertijd. Met de betrokkenheid van vooral de veldbiologische wetenschappen bij de prille natuurbescherming behoorden die wetenschapsgebieden toen en nog steeds, ook dankzij een groot aantal daaraan verbonden vaak zeer deskundige amateurs, tot de meest vermaatschappelijkte wetenschappen. Het is een fraai voorbeeld van een randzone rondom een academisch vakgebied, waarin een levendige transfer van ideeën tussen wetenschap en samenleving plaatsvindt. De werken van Heimans en Thijsse zijn dan ook tegelijkertijd wetenschappelijke, politieke en cultuurproducten. Vandaag heeft, binnen de brede waaier van de moderne biowetenschappen, de veldbiologie weliswaar een beperkte status. Toch is de natuurbescherming van belang voor de instandhouding van objecten van biologisch onderzoek en vormt zij een deel van de maatschappelijke legitimatie van de biologie. Andersom doet ook de nu tot overheidsbeleid geïnstitutionaliseerde natuurbescherming nog voortdurend en in zeer sterke mate beroep op wetenschappelijke concepten en inzichten. Dat is ook wat we met verwetenschappelijking bedoelen: het proces waarbij *in casu* natuurbeleidsmakers hun motieven, probleemdefinities en oplossingsstrategieën zoveel mogelijke onderbouwen met theoretische, empirische en methodische inzichten uit de wetenschap. Zij beroepen zich daarbij op het positieve imago van wetenschap als leverancier van ware, geldige en betrouwbare kennis.

Maar aan verwetenschappelijking zitten risico's voor vermaatschappelijking: als beleidsmakers immers vooral vertrouwen hebben in de wetenschap als legitimering voor hun beleid, zullen zij bij weerstand daartegen veelal reageren met kennisoverdracht, educatie en voorlichting, en minder geneigd zijn te luisteren naar de argumenten van hun cliënten. Immers, hoe meer beleid wetenschappelijk gefundeerd lijkt, hoe meer een blauwdruk van de te realiseren situatie, fysiek of gedragsmatig, vastligt. In de optiek van een sciëntistisch beleid is afwijken onverstandig: het leidt tot suboptimaal afdwalen van de rechte weg die de wetenschap wijst. Voor de maatschappelijke cliënten is een verwetenschappelijkt beleid echter zelden zó geloofwaardig dat zij daarvoor hun eigen wensen en belangen opzij zetten. Vasthoudendheid bij beleidsmakers leidt dan tot onbegrip, irritatie en weerstand.

Dit uiteendrijven van verwetenschappelijkt beleid en samenleving wordt nog versterkt door de professionalisering en bureaucratisering die met die verwetenschappelijking van beleid gepaard gaan. Die bevordert immers, bijvoorbeeld via innige banden tussen opleidingen, departementen en onderzoeksinstituten, het ontstaan van een hechte, maar naar binnen gekeerde groep van professionals in relatief besloten interorganisatorische netwerken. Te grote onderlinge afhankelijkheid kan daarbij tot een gebrek aan dynamiek en openheid leiden. De samenleving mag hopen dat zij dan nog ten minste bij het natuurbeleid wordt betrokken via het verzamelen van data over 'mensenwensen' in belevings- en preferentieonderzoek. Daarom zit verwetenschappelijking de vermaatschappelijking, in de zin van betrokkenheid en medeverantwoordelijkheid van burgers en hun organisaties, in de weg.

Om dat verder te verduidelijken, illustreren we hierna het effect van verwetenschappelijking van het natuurbeleid aan de hand van de inbreng van twee wetenschapsgebieden: de klassieke inbreng van de ecologie en de veel recentere vanuit de bestuurskunde. In beide gevallen concentreren we ons op de hindernissen die een verwetenschappelijkt natuurbeleid opwerpt voor een vermaatschappelijkt natuurbeleid.

Ecologie

Met de ecologie duiden we op het geheel van biowetenschappen dat vanouds kennis levert over 'wilde' planten en dieren en hun omgeving ten behoeve van natuurbescherming en -beleid. In een aantal historische publicaties wordt aan hun rol en betekenis veel aandacht besteed (Van der Windt, 1995; De Jong, 2002). Daaruit blijkt dat sommige moderne beleidsconcepten hun oorsprong vinden in ideeën uit de wetenschap die decennia lang onderwerp zijn geweest van felle discussies tussen gerenommeerde wetenschappers. Dergelijke disputen zijn maar zelden uitgemond in een algemeen gedeeld, geldig en betrouwbaar beeld van de ecologische werkelijkheid, terwijl dat naar buiten toe wel wordt gesuggereerd. 'Natuurdoeltype' is een voorbeeld van een beleidsconcept met zo'n traditie. Natuurdoeltypen zijn specifieke combinaties van wilde planten en dieren waarvan het voortbestaan of de ontwikkeling door het natuurbeleid wordt nagestreefd (Bal et al., 2001). Dat nastreven geschiedt door het aanwijzen van locaties met een geschikt abiotisch milieu (vooral wat bodem en grondwaterstand betreft) en het voorschrijven van een bepaald beheer ter plekke. Met de dan impliciet maar feitelijk gehanteerde formule *locatie* + *beheer* = *natuurtype* wordt gesuggereerd dat de beoogde natuur met grote zekerheid zal ontstaan als het juiste beheer onder de juiste abiotische condities wordt uitgevoerd. Met het lokale abiotisch milieu als onafhankelijke variabele wordt in dit model het beheer feitelijk de enige manipulatieve factor die de realisatie van het natuurdoel bepaalt. Zo worden de eigenaar/beheerder dus ook (als enige) verantwoordelijk voor de realisatie van het natuurdoel: als de beoogde natuur niet verschijnt, is er kennelijk iets misgegaan met het beheer.

Deze verwetenschappelijking impliceert in de eerste plaats dat ook de beheerders professionals, in elk geval experts zijn of worden - hetgeen de begrijpelijkheid en toegankelijkheid van het natuurbeleid niet ten goed komt. Als vervolgens deze bij decreet bepaalde natuur-doeltypes een bestuurlijk instrument worden in een op doelrealisatie afrekenend natuurbeleid (zie hierna) en beheerders wegens 'wanpres-taties' subsidies mislopen, is een groeiende weerzin tegen deze aanpak en tegen het natuurbeleid in het algemeen bijna onvermijdelijk.

De irritatie kan wellicht minder worden als over de aard en plaats van de beoogde natuurdoelen overleg mogelijk is. Die mogelijkheden worden tegenwoordig echter beperkt door de aandacht voor ruimte-lijke samenhang in het EHS-beleid. Dit beleid stoelt op ecologische kennis over de ruimte- en verbreidingseisen van soorten. De daaruit afgeleide groene netwerken legt men graag nauwkeurig vast in streek- en bestemmingsplannen. Het verwetenschappelijkte beleid sugge-reert hiermee precies te weten waar welke natuurgebieden behouden, vergroot of ontwikkeld moeten worden, en waar en hoe daartussen verbindingszones moeten worden aangelegd om de biodiversiteit van Nederland op de been te houden. Beheerders die hun natuurdoelen in een verbindingszone niet bereiken, falen niet alleen ter plekke, maar zijn ook verantwoordelijk voor het in isolement uitsterven van soorten in de natuurgebieden die 'hun' zone geacht wordt te verbinden. Zo dragen de wetenschappelijke pretenties van de verbreidingsecologie misschien wel net zoveel bij aan de verbreiding van schuld en boete als aan het overleven van de natuur in Nederland.

Natuurdoeltypen vinden hun oorsprong in het denken over planten-gemeenschappen. Het concept 'plantengemeenschap' veronderstelt het bestaan van vaste combinaties van plantensoorten die, mede door hechte onderlinge relaties, voorspelbaar samenhangen met de kenmerken van de lokale leefomgeving. Die leefomgeving kan puur natuurlijk zijn of, in halfnatuurlijke landschappen, mede worden bepaald door vormen van gebruik en beheer door de mens. Over het objectieve bestaan van plantengemeenschappen werd en wordt hevig gediscussieerd. Tegenstanders betogen dat van aantoonbare interne relaties zelden sprake is en dat het samen voorkomen van soorten veel meer gestuurd wordt door bovenlokale, externe omstandigheden (beschikbaarheid van soorten, verbreidingscondities en milieu-effecten). Door de kwaliteit en stabiliteit van de bovenlokale omstandigheden had het begrip 'plantengemeenschap' vroeger wellicht enige betekenis. Tegenwoordig zijn die condities echter zodanig verslechterd en variabel in ruimte en tijd dat de voorspelbaarheid van het samengaan van soorten sterk is afgenomen. Statistisch onderzoek laat inderdaad weinig heel van de gesuggereerde stabiliteit van de traditionele gemeenschappen (De Jong, 2002). Daarmee is ons inziens de empirische geldigheid van de samenhang tussen beheersmaat-regelen en de vaste soortencombinaties van de natuurdoeltypen volstrekt onvoldoende om een strak rijksregime van nauwkeurig gelokaliseerde maatregelen te rechtvaardigen. Natuurdoeltypen laten ons inziens dus veel meer ruimte voor 'mensenwensen' dan hun positivistische wetenschappelijke onderbouwing suggereert.

Bestuurskunde
De verwetenschappelijking betreft niet alleen het object van het natuurbeleid, maar ook de strategieën voor aansturing daarvan. Wie de rijksdocumenten over het natuurbeleid vanaf het NBP tot aan de nota NvMMvN doorneemt, ziet daarin de voortschrijdende inzichten uit de beleidswetenschappen weerspiegeld. Het NBP is, gemodelleerd naar het NMP, een beleidsnota met een paar centrale en aansprekende beleidsconcepten, gevolgd door enkele hoofdstrategieën, die vervolgens worden ontvouwd in allerlei soort- en/of gebiedsspeci-fieke acties en aandachtspunten, al of niet voorzien van eerstverant-woordelijke initiatiefnemers en van een bepaalde budgettaire ruimte. De instrumententheorie, in de late jaren tachtig door VROM voor het grijze milieubeleid ontwikkeld, heeft duidelijk ook het natuurbeleid geïnspireerd in zijn bepaling van strategie en instrumentering. In de ambitieuze aankondiging van de EHS en zijn ruimtelijke uitwerking werkt de idee van de maakbaarheid van de samenleving via centrale *blueprint* planning en aansturing aanwijsbaar nog even door, een naijl-effect dat voor een jong beleidsterrein begrijpelijk is.

In de jaren negentig gaat LNV, daartoe enigszins uitgedaagd door de ROM-aanpak van VROM, op zijn beurt de provincie in. En ook nu zijn de vanuit de bestuurskunde aangeleverde inzichten en methoden zichtbaar, nu meer bepaald het *New Public Management* (NPM). De idealen van een performante overheid impliceren dat projecten niet vrijblijvend worden gedefinieerd, maar afrekenbare doelen krijgen. Die doelen zijn natuurlijk gebaseerd op de natuurdoeltypes van zojuist, die daardoor nog aan status en impact (moeten) winnen. Die doelen en vooral de mate van doelbereiking van allerlei projecten worden nu gecontroleerd door geregelde rapportages en audits, die op hun beurt beslissend zijn voor voortzetting van de financiering.

Deze verzakelijking, product van verwetenschappelijking en bestuurlijke professionalisering, stuit op twee grenzen. In de eerste plaats op de grenzen van de (fors overschatte) meetbaarheid en afrekenbaarheid. Het evaluatieonderzoek van het natuurbeleid, ook door het Natuurplanbureau, worstelt met de soms betwistbare wetenschappelijke, vooral methodische kwaliteit van de gehanteerde indicatoren en hun deels ook maatschappelijk en politiek geconstrueerde karakter (Turnhout, 2003). De mate van doelbereiking, laat staan van de doeltreffendheid van het natuurbeleid, zijn uiterst moeilijk vast te stellen (Pleijte et al., 2000; Wisserhof & Goverde, 1997). Noodgedwongen richt veel evaluatieonderzoek zich daar dan ook niet meer op; men kiest voor procesvariabelen als 'draagvlak', 'consensus' en vergelijkbare parameters als maten voor succes. En daar komt de tweede grens in zicht, in het effect van de bestuurlijke professionalisering volgens de principes van het *New Public Management*: juist de door de overheid ingebrachte eis van scherp geformuleerde doelstellingen en afrekenbare resultaten, staat flexibiliteit en daarmee vermaatschappelijking in de weg. Er zijn tal van voorbeelden waar, na intensieve onderhandelingsrondes tussen allerlei betrokken maatschappelijke partijen, een in consensus bereikt natuurplan door de overheid wordt afgewezen, het project niet wordt geïnitieerd of verlengd, omdat niet aan de strakke doelstellingen is voldaan (Frouws & Leroy, 2003).

Conclusie: terwijl in wetenschappelijke kring en juist ook bij het RIVM/Milieu- en Natuurplanbureau stevig wordt gedebatteerd over de grenzen van de wetenschappelijke zekerheid en over hoe om te gaan met ónzekerheid, heeft dat debat de uitvoering van het natuurbeleid nog niet bereikt. Daar is nog weinig oog voor de onzekerheden die besloten liggen in complexe ecologische processen, noch voor de onzekerheden die bij uitstek besloten liggen in processen waarbij aan allerlei maatschappelijke partijen de vrijheid wordt gegund binnen bepaalde bandbreedtes en budgetten, 'hun' natuur voor te stellen en na te streven. Niet alleen de historisch bepaalde institutionele positie van het natuurbeleid, maar ook bepaalde hedendaagse wetenschappelijke ratio's en bepaalde bestuurlijke logica's verdragen zich slecht met de ambitie van de vermaatschappelijking.

4. De grenzen van de vermaatschappelijking

In de inleiding zijn de ambities van een verbreed of vermaatschappelijkt natuurbeleid beschreven, zoals die blijken uit de nota NvMMvN. In de daaropvolgende beleidsuitwerking zijn feitelijk twee strategische sporen uitgezet. Ten eerste is er een wat harder 'organisatorisch' spoor dat *top down* vanuit de rijksoverheid richting lagere overheden, maatschappelijke organisaties en bedrijfsleven loopt. In dit spoor probeert men vooral werk te maken van de medeverantwoordelijkheid: de aangesproken organisaties worden geacht met eigen middelen meer te doen voor de natuur. Ten tweede is er een wat zachter 'attitudegericht' spoor dat *bottom up* probeert natuurbeelden en -behoeften van de samenleving te achterhalen. In dit spoor wil men vooral maatschappelijke preferenties, 'mensenwensen', inzetten als bouwstenen voor nieuw natuurbeleid. In beide, vanzelfsprekend wisselwerkende sporen stuit de vermaatschappelijking van het natuurbeleid op grenzen die vanuit de hiervoor geschetste institutionele ontwikkeling verklaarbaar zijn.

Het 'organisatorische' en *top down* spoor richting diverse 'doelgroepen', stuit bij elk van die groepen op onwennigheid, scepsis, afkerigheid en moeizame compatibiliteit. Zo heeft het natuurbeleid een bepaald lastige relatie met de lagere overheden: zoals gezegd is er, mede door het gebrek aan eigen planstelsel, geen koninklijke weg voor afstemming en samenwerking met provincies en gemeenten. Met de provincies heeft LNV door de recente decentralisatie wel samenwerking maar geen warme relatie opgebouwd. Bij gemeenten is het groenbeleid vanouds ingebed in een netwerk van ruimtelijke ordening, stedebouw en tuin- en landschapsarchitectuur. Zeker op lokaal schaalniveau heeft LNV geen enkele traditie in de omgang met deze beleidsterreinen. Omgekeerd is bij de gemeenten geen traditie, geen expertise en weinig behoefte en bereidheid om met Haagse natuurplannen mee te doen. Misschien dat de recente ontwikkeling van stadsecologische projecten tot enig wederzijds begrip kan leiden.

Voor het bedrijfsleven, afgezien van de landbouw, geldt evenzeer dat het weinig ervaring en expertise in de natuursector heeft. Het woud van regels dat de huidige relatie tussen LNV en de landbouw kenmerkt, komt de verleidelijkheid voor andere bedrijfstakken natuurlijk niet ten goede. Bovendien zit de al veeleisende milieuzorg de medeverantwoordelijkheid voor natuurzorg nogal eens in de weg. Dat geldt ook waar het natuurgerelateerde recreatieve bedrijvigheid geldt, terwijl deze sector tegelijkertijd een bevoorrechte partner in de vermaatschappelijking is.

Met de maatschappelijke organisaties, in casu met de particuliere natuurbescherming heeft het overheidsnatuurbeleid vanouds goede relaties. Het rijksnatuurbeleid is, zoals aangegeven, uit de particuliere natuurbescherming voortgekomen, en beide zijn met de gouden koorden van de royale aankoop- en beheersubsidies met elkaar verbonden. Maar de verhoudingen zijn wel eens beter geweest. Enerzijds trekt de particuliere natuurbescherming tegenwoordig - vaak samen met nieuwe partners zoals de ANWB en de georganiseerde landbouw - opmerkelijk fel van leer tegen het rijksnatuurbeleid. Anderzijds praat men in Den Haag zonder schroom over het (overigens afnemend) eigen vermogen van Natuurmonumenten, de inkomsten uit de Giroloterij en een daarmee samenhangende versobering en aanscherping van het subsidiebeleid.

Juist de verzuring van de goede relatie met een traditionele partner als de particuliere natuurbescherming geeft te denken over de vruchtbaarheid van 'organisatorische' spoor in de vermaatschappelijkingsstrategie. Het ontbreken van institutionele relaties van het natuurbeleid met de lagere overheden en het bedrijfsleven wijst op de beperkte macht en status van het natuurbeleid, maar kan natuurlijk ook niet los worden gezien van de geringe vraag naar rijksnatuurbeleid in deze sectoren van de samenleving. Wie deze groepen dus tot rijksdoelgericht gedrag wil bewegen, zal die rijksdoelen voldoende aantrekkelijk moeten maken. Als men dat niet kan, onder meer omdat men als zwak beleidsterrein niet over voldoende, vooral financiële middelen - incentives en verleiders - beschikt, bereikt men met een *command and control* aanpak - scherpe, gelokaliseerde natuur-doelen; strenge afrekenregimes - het tegendeel van de beoogde maat-schappelijke inbreng. Potentiële nieuwe cliënten (bijvoorbeeld groene actiegroepen, natuur- en milieucoöperaties) worden afgestoten en oude partners raken gefrustreerd en haken af. Bovendien loopt men het risico dat de oude en nieuwe doelgroepen zich collectief tegen het rijksbeleid keren of dit simpelweg links laten liggen omdat het vast-houden aan de rijksnatuurdoelen, -instrumenten en procedures hun onderlinge relaties aantast. Op subnationaal niveau wordt het omge-vingsbeleid in Nederland in toenemende mate bepaald door interac-ties en ruilprocessen tussen lagere overheden, marktpartijen en maat-schappelijke organisaties. Rijksnatuurbeleid dat daarvoor te weinig ruimte biedt, prijst zich uit de markt.

De gelokaliseerde natuurdoelen, afgeleid van wetenschappelijke concepten en omgezet in bestuurlijke doel- en procesvoorwaarden, zijn vanzelfsprekend lastig verzoenbaar met en zelfs nauwelijks inzetbaar in de tweede strategie, het 'attitudegerichte' spoor. Hier gaat het immers juist om het genereren en articuleren van individuele of collectieve, in elk geval maatschappelijke natuurdoeltypen. Inzicht daarin komt het draagvlak voor natuurbeleid, het belang van groen voor de algemene omgevingskwaliteit, voor de beleving, de rust, de gezondheid, en zelfs voor de waarde van het vastgoed zeker ten goede. Maar de kernvraag is hoe de natuurattitudes van burgers, geaggre-geerd in buurten en regio's (Gelders rivierenland) of in categorieën (fietsend Nederland, allochtoon Nederland), gecombineerd kunnen worden met de ecologische beleidsconcepten en -doelstellingen. Het betrekken van burgers en hun wensen bij overheidsbeleid heeft tradi-tioneel - zie het milieubeleid - als dubbel motief de kwaliteit van dat beleid te verbeteren en de acceptatie daarvan te vergroten, lees ook, conflicten te accommoderen. Maar hoe kan de kwaliteit van het natuurbeleid met 'mensenwensen' verbeterd worden, als de doel-stellingen daarvan wetenschappelijk verankerd en gelegitimeerd zijn, als deze wensen dus niet meer dan preferenties zijn die in de besluit-vorming zullen worden 'meegenomen'?

Overal in Europa leidt de aanwijzing van natuurgebieden, *ex* Vogel- en Habitatrichtlijn of anderszins, tot conflicten met een hoog Nimby-gehalte (Van der Zouwen & Van Tatenhove, 2002). Zonder bruggen tussen de wetenschappelijke en de maatschappelijke natuurbeelden kunnen deze conflicten zowel de natuur zelf als de legitimiteit van het natuurbeleid ernstig beschadigen. Voorlopig belemmert de afstand tussen de natuur van het beleid en die van de samenleving een verdergaande vermaatschappelijking. In het milieubeleid is men er inmiddels aardig in geslaagd om het effect van persoonlijke ideeën en gedrag zelfs op grootschalige milieuproblemen aansprekend te koppelen aan het eigenbelang van burgers en hun nakomelingen. In het natuurbeleid is dat veel moeilijker. De weemoedige ogen van de panda en de zeehond slagen er wel in emotie te mobiliseren en lidmaatschappen te bewerkstelligen, maar geven verder weinig handelingsperspectieven voor eigen verantwoordelijkheid. Dat is voor 'natuur' ook lastig: enerzijds is de keten tussen persoonlijk gedrag en het uitsterven van soorten complex en opgebouwd uit weinig natuur-specifieke milieu-effecten. Anderzijds kunnen er in de eigen lokale omgeving talloze soorten verdwijnen voordat de maatschappelijk geprefereerde natuur (van overwegend kijk- en gebruiksgroen) merkbaar wordt aangetast. Ook in dit spoor bestaat daarom het risico dat een te streng natuurbeleid averechts werkt. Net als organisaties, kunnen ook individuen afhaken als het voorgeschreven natuur-vriendelijke gedrag veel moeite kost maar niets oplevert voor de kwaliteit van 'de eigen natuur', zeker als die laatste kennelijk ook 'vanzelf' en zonder Haags natuurbeleid prima van en uit de grond lijkt te komen. En dit laatste roept bij de professionals van het natuurbe-leid dan weer de huiveringwekkende vraag op hoeveel maatschap-pelijk geprefereerde natuur - en dus: hoeveel vermaatschappelijking - 'hun' natuur kan verdragen.

5. Conclusies: meer natuurbeleid én meer mensen-wensen

Het centrale probleem van de vermaatschappelijking van het natuur-beleid laat zich ons inziens als volgt omschrijven. Het natuurbeleid heeft zich de laatste decennia binnen het ministerie van LNV stormachtig ontwikkeld. Uit het bescheiden CRM-beleid van de jaren zeventig is een aansprekende, erkende en gewaardeerde partner in het rijksomgevingsbeleid ontsproten. Uit deze vergelijking met de oude situatie hebben natuurbeleidsmakers echter ten onrechte afgeleid dat men daarmee ook in absolute zin een echt sterk beleids-domein is geworden. Te gemakkelijk is vervolgens aangenomen dat de typische kenmerken van een sterk beleidsveld ook in het natuur-beleid effectief zullen zijn. En dus wordt een ogenschijnlijk groot maatschappelijk probleem - dat, laten we reëel zijn, nog steeds vooral het probleem van een relatief beperkte kleine wetenschappelijke en culturele elite is, ondersteund door de bureaucratische behoeders van het door hen geagendeerde belang - , met overdreven zware plannen, strategieën en instrumenten aangepakt. Terwijl de samen-leving voor haar eigen natuurproblemen, los van het rijksnatuurbe-leid, maar juist in belendende domeinen, regionaal en lokaal werkbare oplossingen heeft gevonden, wordt zij geconfronteerd met gedetailleerde ecologische rijksdoelen en een scherp afrekenend pakket van maatregelen die de samenlevingsoplossingen niet ten goede komen en zelfs in de wielen rijden.

Sterke beleidsvelden beschikken doorgaans over instrumenten om een slechte aansluiting op de maatschappelijke probleembeleving en de daardoor opgeroepen weerstand te doorbreken: de harde infra-structuur en de woningbouw bijvoorbeeld - al klagen ook die sectoren over het achteroplopen op gestelde doelen. Alleen dit soort beleids-velden hebben de sterke machtsbronnen (eigen planstelsels met rechtsgevolgen en een redelijk ingebouwde doorwerking; veel geld om uit te kopen; regels om te onteigenen enz.) om beleid 'op locatie' uit te voeren en rijksdoelstellingen 'in de provincie' door te drukken. Het natuurbeleid mist evenwel die politieke en legislatieve machts-bronnen, en daarmee de macht om naar hun volume, aard en locatie scherp aangewezen doelstellingen te realiseren. Het natuurbeleid heeft daarvoor niet de status, de reputatie, het geld en de regelgeving.

Dat betekent niet dat het natuurbeleid de handdoek in de ring moet gooien, maar evenmin dat men van 'verbreding' of 'vermaat-schappelijking' een structurele oplossing moet verwachten. Wel betekent het besef van deze bescheiden positie dat er strategisch wellicht andere keuzes moeten worden gemaakt, waarvan 'vermaat-schappelijking' er - mits beter uitgevoerd - zeker één is. We noemen enkele van die keuzes:

1. Wees terughoudender in het pretenderen en gebruiken van weten-schappelijke 'zekerheden' - dat is iets ánders dan wetenschappe-lijke argumenten! - om de roep om meer middelen te onder-steunen. Formuleer juist op basis van die onzekere wetenschap en

de beperkte middelen wat meer ontspannen ambities en doel-stellingen, in het bijzonder ten aanzien van de precisie en de locatie van natuurdoelen. Confronteer de samenleving niet met een ecologische blauwdruk, maar laat de 'mensenwensen' - van individuen en tot coalities geneigde organisaties - mee bepalen waar welke natuur moet komen. Wat maatschappelijk geprefe-reerd wordt, kan en moet ecologisch worden bijgebogen, en dat werkt beter dan andersom.

2. Zoek de vermaatschappelijking in samenwerking met andere actoren, zoek coalities op die terreinen waar je zelf zwak bent, en benut traditionele banden. Zoek steun bij provincies en gemeenten, niet om ze op de implementatie van Haagse doelstel-lingen af te rekenen, maar omdat ze met hun ruimtelijke ordening, stedenbouw en milieubeleid het natuurbeleid kunnen steunen. Zoek steun bij het bedrijfsleven door natuurzorg bij milieuzorg en, breder, bij maatschappelijk verantwoord ondernemen aan te laten sluiten. Zoek steun bij de middenveldorganisaties en benut hun gebundelde kennis, draagvermogen en maatschappelijke impact, in plaats van achter hen om 'mensenwensen' te peilen: de samen-leving is veel minder geïndividualiseerd dan men in Den Haag vermoedt, en een appèl via deze organisaties blijkt - zie wat er gebeurt als zij tot oppositie tegen een natuurontwikkelingsplan besluiten - nog steeds behoorlijk mobiliserend.

3. Ben je daadwerkelijk op vermaatschappelijking uit, jaag dan de actoren die je nodig hebt niet tegelijkertijd tegen je in het harnas met instrumenten die alleen (enigszins) effectief zijn in handen van sterke beleidsvelden. Hoed je voor de beperkingen van de afreken- en controlecultuur van het *New Public Management* en voor het idee dat ook de natuur maar beter vermarkt kan worden. Twee voorbeelden:

   • Bij de beoogde subsidieregeling Investeringsbudget Landelijke Gebied (ILG, naar analogie van het Investeringsbudget Stedelijke Vernieuwing, ISV) komt het geld pas vrij als de voor-nemens van gemeenten en andere organisaties aan een aantal voorwaarden voldoen. Hoewel het in het ISV van het Grote Stedenbeleid gaat om een waslijst van afrekenbare criteria en eisen, voldoen gemeenten met grote moeite maar gaarne hieraan, vanwege de enorme bedragen die hier op het spel staan. De bescheiden middelen van het natuurbeleid vereisen een eveneens bescheiden opstelling als het gaat om de criteria en eisen waaraan aanvragers van projectsubsidies moeten voldoen.

- Er wordt nogal eens gesproken over het afromen van de financiële opbrengsten als gevolg van een natuurnabije ligging (bijvoorbeeld de waarde van woningen en de inkomsten van de horeca). Hoezeer milieueconomisch ook verdedigbaar, men moet hierbij wel bedenken dat het in Nederland ook voor sterke belangen moeilijk, maar in het algemeen ook niet gebruikelijk is om locatievoordelen af te romen. Veel meer wordt men gestimuleerd om daar door slim ondernemerschap optimaal op in te spelen. Als zwak beleidsveld zal het natuurbeleid vast niet de gelegenheid krijgen zo'n eigen instrument in te voeren. En met het oog op dreigend imagoverlies moet men dat eigenlijk ook niet willen. Een beloning op slim én natuurvriendelijk ondernemen ligt meer voor de hand.

Kortom, vermaatschappelijkt natuurbeleid impliceert vooral een bescheidener natuurbeleid: minder wetenschappelijk pretentieus, minder sectoraal eigenstandig en meer gericht op maatschappelijke haalbaarheid en samenwerking.

Literatuur

Bal, D., H.M. Beije, M. Fellinger, R. Haveman, A.J.F.M. van Opstal & F.J. van Zadelhoff (2001). *Handboek Natuurdoeltypen*. Wageningen: Expertisecentrum LNV.

CED (Commissie van externe deskundigen) (1992). *Rapport inzake het functioneren van het ministerie van Landbouw, Natuurbeheer en Visserij*. Den Haag.

Coesèl, M. (2003). Wildernis of wandelgebied? Belangstelling voor natuur in historisch perspectief. *Stedebouw & Ruimtelijke Ordening*, 84, 1, pp. 28-32.

Dekker, J. (2002). *Dynamiek in de Nederlandse natuurbescherming*. Utrecht.

Frouws, J. & P. Leroy (2003). Boeren, burgers en buitenlui - Over nieuwe coalities en sturingsvormen in het landelijk gebied. *Tijdschrift voor Sociaalwetenschappelijk onderzoek van de Landbouw (TSL)*, 18, 2, pp. 90-102.

Jamison, A. (2001). *The Making of Green Knowledge: Environmental Politics and Cultural Transformation*. Cambridge: Cambridge University Press.

Medeverantwoordelijkheid voor natuur

Jong, M.D.T.M. de (2002). *Scheidslijnen in het denken over natuurbeheer in Nederland: een genealogie van vier ecologische theorieën.* Delft: TUD.

Gersie, J. (1996). Natuur en landschap tussen ruimtelijk en sectoraal facetbeleid. *Planologische discussiebijdragen 1996.* Delft, pp. 193-202.

Gorter, J.P. (1986). *Ruimte voor natuur. 80 jaar bezig voor de natuur van de toekomst.* 's-Gravenland: Vereniging Natuurmonumenten.

Leroy, P. & J.P.M. van Tatenhove (2000). Milieu en participatie: de verschuivende betekenis van een dubbelconcept. In: P.P.J. Driessen en P. Glasbergen (red.), *Milieu, samenleving en beleid.* Den Haag: Elsevier Bedrijfsinformatie, pp. 259-278.

Ministerie van VRO (1967). *Tweede Nota over de ruimtelijke ordening in Nederland.* Den Haag: VRO.

Ministerie van LNV (2000). *Natuur voor mensen, mensen voor natuur. Nota natuur, bos en landschap in de 21^e eeuw.* Den Haag: Ministerie van Landbouw, Natuurbeheer en Visserij.

Natuurbeleidsplan (1990). Regeringsbeslissing. Den Haag: SDU Uitgeverij.

Pleijte, M. et al. (2000). *WCL's ingekleurd. Monitoring en evaluatie van het beleid voor Waardevolle Cultuurlandschappen.* Wageningen: Alterra.

Turnhout, E. (2003). *Ecological indicators in Dutch nature conservation - science and policy intertwined in the classification and evaluation of nature.* Amsterdam: Aksant.

Windt, H.J. van der (1995). *En dan: wat is natuur nog in dit land? Natuurbescherming in Nederland 1880-1990.* Amsterdam/Meppel: Boom.

Wisserhof, J & H. Goverde (1997). Groen licht voor groen? Strategische groenprojecten Natuurontwikkeling bestuurskundig beschouwd. *Landschap,* 14, 4, pp. 207-218.

Zouwen, M. van der & J.P.M. van Tatenhove (2002). *Implementatie van Europees natuurbeleid in Nederland.* Planbureaustudies nr. 1. Wageningen: Natuurplanbureau.

3. Grenzeloos gruttogenoegen

Maarten Jacobs

In de nota *Natuur voor mensen, mensen voor natuur* (hierna NvMMvN) (Ministerie van LNV, 2000) staat het natuurbeleid voor de komende tien jaar beschreven. Op het eerste deel van de titel komen we later terug. Het tweede deel, mensen voor natuur, vormt een krachtige uitdrukking van de wens van het ministerie van Landbouw, Natuur en Voedselkwaliteit om de bevolking medeverantwoordelijkheid te laten dragen voor het natuurbeleid. Het ministerie zou graag zien dat particulieren, bedrijven en instellingen hun steentje bijdragen aan het uitgestippelde beleid, omdat de overheid het alleen nauwelijks kan verwezenlijken. Zo staan de volgende opmerkingen in de nota: "Het kabinet verwacht dat de verantwoordelijkheid voor natuur breed wordt opgepakt in de samenleving" (p.1); "De behoefte aan natuur zal toenemen (door onder andere een kortere werkweek en een hoger opleidingsniveau), voor recreatie en stilte en rust. Door hier op in te spelen kan het draagvlak worden vergroot" (p.9-11); "Het is een kabinetstaak om de samenleving bij de natuur te betrekken, het natuurbewustzijn te vergroten en de samenleving aan te spreken op haar verantwoordelijkheid" (p.13); "... het verbreden van natuurbeleid met bijvoorbeeld bedrijfsleven, burger, maatschappelijke organisaties ..." (p.15).

Uit deze zinsneden wordt duidelijk dat het kabinet vindt dat mensen medeverantwoordelijkheid moeten gaan dragen voor natuur. Vanuit deze gedachtegang komt de logische vraag op hoe de bevolking is te bewegen om de zo vurig door het ministerie gewenste medeverantwoordelijkheid ook daadwerkelijk te gaan dragen. Want volgens het ministerie gebeurt dat momenteel te weinig.

Uit de literatuur en praktijkervaringen hebben de samenstellers van deze bundel een drietal knelpunten gedestilleerd die zouden kunnen verklaren waarom deze verantwoordelijkheid nog te weinig wordt opgepakt. Ten eerste is het niet eenvoudig om vanuit een grote diversiteit aan beelden van natuur (zie, bijvoorbeeld, Buijs, 2000; Jacobs et al., 2002) en daarmee samenhangende wensen, tot gezamenlijke doelstellingen voor natuurbeleid te komen. Als iedereen weer wat anders wil, hoe is het dan mogelijk om tot een gedeelde visie te komen? Ten tweede zien veel mensen natuur als een consumptie-goed. Dat wil zeggen, men wil er best wat voor betalen, bijvoorbeeld in de vorm van een lidmaatschap van Natuurmonumenten, maar men wil er niets voor doen. Maar weinig mensen zijn bereid om het vliegtuig te mijden voor een gewenste vakantie als dat beter is voor de natuur, zo bleek uit een onderzoek van Toerisme en Recreatie Nederland. Ten derde stuiten veel door de overheid voorgestelde of opgelegde maatregelen eenvoudigweg op weerstand. Dit geldt bijvoorbeeld voor de implementatie van de Flora- en Faunawet bij de aanleg van nieuwe woonwijken of industrieterreinen.

Het ministerie wenst medeverantwoordelijkheid voor natuurbeleid, constateert een gebrek daaraan, en er lijken een aantal knelpunten te bestaan die dat gebrek kunnen verklaren. Maar klopt de voorstelling dat de bevolking weinig verantwoordelijkheid draagt eigenlijk wel?

1. Grutto's en kattenpsychologen

In Nederland zijn honderden vrijwilligers ieder jaar druk in de weer om grutto's te beschermen. Zij speuren in hun vrije tijd in de weilanden naar nesten, om er paaltjes bij te zetten zodat de boeren om de nesten heen kunnen maaien. Naast dit voorbeeld zijn er vele andere waaruit blijkt dat burgers verantwoordelijkheid voelen voor natuur: wilgenknotters, buurtbewoners die openbaar stadsgroen onderhouden, landgoedeigenaars die hun landgoederen zorgvuldig ecologisch beheren, natuurgerichte verenigingen of stichtingen zoals Natuurmonumenten en IVN kennen miljoenen leden, veel boeren doen op de een of andere wijze aan natuurbeheer, enzovoort. Als we het concept natuur ruimer zien dan natuur in het landschap, dan blijkt bijna iedereen verantwoordelijkheid te dragen voor natuur. Mensen die geen zorg dragen voor kamerplanten of huisdieren zijn immers in de minderheid. In sommige gevallen gaat die verantwoordelijkheid extreem ver. Zo zijn er tegenwoordig kattenpsychologen, die natuurlijk alleen kunnen bestaan omdat er voldoende mensen zijn die hun geliefde kat met al dan niet vermeende persoonlijkheidsstoornissen willen helpen. Overdreven misschien, maar wel een voorbeeld van verregaande verantwoordelijkheid die men neemt voor natuur.

Hoe kan het dat de overheid zorgen heeft over een verondersteld gebrek aan verantwoordelijkheid voor de natuur door burgers en bedrijven, terwijl veel gedragingen van mensen op het tegendeel wijzen? Voor een antwoord op deze vraag volgt een uitleg over enerzijds de beloften en anderzijds het natuurconcept dat de overheid hanteert in haar beleid. Daarna worden de bronnen van verantwoordelijkheidsgevoel van burgers voor natuur bekeken. Het natuurconcept van de overheid en de bronnen van verantwoordelijkheid door burgers zullen worden vergeleken met elkaar, om zo tot enkele hypothesen te komen die het vermeende gebrek aan medeverantwoordelijkheid in de perceptie van het ministerie van LNV kunnen verklaren. Ten slotte zullen enkele aanbevelingen voor beleid en onderzoek worden gegeven.

2. Natuur voor mensen?

In de nota NvMMvN wordt uitdrukkelijk gesteld dat het natuurbeleid moet aansluiten bij de wensen die de bevolking heeft: "Natuur moet aansluiten bij de wensen van mensen en bereikbaar, toegankelijk en bruikbaar zijn." (p.1); "Het gaat om natuur van de voordeur tot de Waddenzee, aansluitende bij de perceptie van mensen." (p.1); "Het kabinet moet inspelen op de belevingswaarde en de gebruikswaarde zonder afbreuk te doen aan de intrinsieke waarde." (p.15); "Hoogwaardig groen biedt maximaal de mogelijkheid om rekening te houden met de wensen van mensen" (p.19).

Vaak voorkomende termen in de nota zijn kwaliteit, mensenwensen en beleving: termen die een relatie tussen de mens en de natuur uitdrukken. Het belang van deze relatie wordt door het kabinet ingezien. Het betrekken van de beleving door mensen in het natuurbeleid is ten opzichte van het eerdere natuurbeleid een omwenteling. Je zou na deze duidelijke stellingname in de visie op het natuurbeleid verwachten dat die wensen van de bevolking geproblematiseerd worden. Het zou logisch zijn als het ministerie zich dan zou afvragen wat die wensen dan wel zijn, probeert hier kennis over te verzamelen en te conceptualiseren, om vervolgens lijnen te kunnen trekken naar de planvoorstellen. Op deze manier zou de visie dat natuur ook voor de mensen moet zijn, doorgang vinden in het uiteindelijke beleid dat tot concrete ingrepen leidt. Van een dergelijke werkwijze is echter allerminst sprake.

De nota NvMMvN bestaat uit twee delen. In het eerste deel, de 'strategische hoofdlijnen', wordt voornamelijk de visie op het toekomstige natuurbeleid ontvouwd. Hierin staan de beloften. In het tweede deel, het 'beleidsprogramma', komen concretere beleidsstrategieën en voorgestelde maatregelen ter sprake. Hierin staat de uitwerking. Opvallend is de grote breuk tussen het eerste en het tweede deel. Terwijl de beloften doorspekt zijn met termen als 'beleving, mensenwensen, en welzijn', wordt in de uitwerking vooral gesproken over 'ecologische kwaliteit, duurzaamheid en biodiversiteit'. De uitwerking valt uiteen in vijf programma's: internationaal natuurlijk, groots natuurlijk, nat natuurlijk, landelijk natuurlijk en stedelijk natuurlijk. Alleen het laatste programma, stedelijk natuurlijk, kent doelen die uitdrukkelijk gericht zijn op natuur voor mensen. Zo wil het ministerie rekening houden met de bereikbaarheid en toegankelijkheid van de natuur in de nabijheid van stedelijke centra, en veronderstelde tekorten aan natuur voor stedelingen wegwerken door nieuwe, mede op menselijk gebruik gerichte, natuurgebieden aan te leggen. Alle andere programma's kennen slechts doelen gericht op ecologische kwaliteiten en duurzaamheid. Met andere woorden, er is nauwelijks sprake van een verbinding tussen de beloften en de uitwerking binnen het natuurbeleidsplan.

Hoewel de belofte rekening te houden met de beleving van de natuur uitdrukkelijk wordt genoemd, zijn de programma's niet geformuleerd vanuit de problematisering van die beleving, of vanuit kennis over die beleving, maar nagenoeg exclusief vanuit een ecosysteemopvatting. De beleving, mensenwensen en welzijn zijn daarmee geen echte ambities van het Kabinet. De echte ambities die impliciet verscholen liggen in de beleidsprogramma's liggen in het creëren of behouden van natuur om andere redenen, bijvoorbeeld het totstandbrengen van robuuste ecosystemen of biodiversiteit. De nadruk op beleving is vooral retorica, marketing om de om andere redenen geformuleerde plannen te verkopen. Zie bijvoorbeeld de volgende praktijkervaring:

"In de Blauwe Stad komt 350 hectare natuurgebied, als onderdeel van de Ecologische Hoofdstructuur. Ik vind het wel een gemiste kans dat de invulling van de EHS zo sectoraal plaatsvindt. Gechargeerd: hek eromheen en wegblijven, want anders is het geen echte natuur. Er is veel discussie, ook binnen de provincie, maar de regels zijn nu eenmaal zo en scheiding van functies is overzichtelijker dan verweving. Wij willen natuur wel combineren met wonen en recreatie. Een integrale ontwikkeling die uitgaat van het gebied zelf en niet van een abstract natuurbegrip als de EHS" (Abrahamse & Webbink, 1999).

Het Kabinet vraagt burgers en bedrijven medeverantwoordelijkheid te dragen voor beleid dat vrijwel exclusief vanuit het ecosysteem-model is geformuleerd. De vraag is of deze natuuropvatting strookt met de opvattingen van de bevolking waaruit de eerder geconstateerde verantwoordelijkheid voortkomt.

3. Beauty is a gateway to love

Wanneer voelen mensen zich verantwoordelijk voor iets? Ten eerste, het moet dicht bij je staan. Zo voelen de meeste mensen meer verantwoordelijkheid voor hun eigen kind dan voor het kind van de buren, maar weer meer verantwoordelijkheid voor het kind van de buren dan voor een onbekend kind uit Maleisië. Ten tweede voelen mensen zich sneller verantwoordelijk voor iets concreets dan voor iets abstracts. Je zult je eerder verantwoordelijk voelen voor een prettige sfeer thuis dan voor het functioneren van het poldermodel. Ten derde, en dit is misschien wel het belangrijkste kenmerk, moet je er in redelijke mate van houden. Voor zaken waar je een hekel aan hebt, zul je minder snel verantwoordelijkheid op je nemen. Het maakt veel uit of het kind van de buren een lieverdje is of een onvoorstelbare etterbak.

De meeste voorbeelden van verantwoordelijkheid voor natuur die in de tweede paragraaf zijn genoemd voldoen aan deze kenmerken. Het zijn natuurverschijnselen die dichtbij de mensen staan, zoals planten of huiskatten. Ze zijn concreet: deze wilg bezwijkt niet onder het gewicht van haar eigen takken als je er nu de zaag in zet. En het gaat om zaken waar mensen van houden: de eigen kat, de wilgen in de omgeving.

Over de liefde voor natuur, de ultieme bron waaruit verantwoordelijkheid kan ontstaan, nog een kleine uitwijding die het aanschouwelijk maakt. "Beauty is a gateway to love", merkte Simon Schama op in het tv-programma 'Van de schoonheid en de troost'. En de natuur is een machtige bron van schoonheid voor veel mensen. In zijn roman *De grond onder haar voeten* (1999) noemt Salman Rushdie vijf 'sleutels tot het onzichtbare', ervaringen die je alle hoeken van de kosmos laten zien: (1) de liefdesdaad, (2) de geboorte van een baby, (3) het beschouwen van grote kunst, (4) de aanwezigheid van de dood of groot onheil, (5) menselijke stem die zingt. Dit alles is metaforisch aanwezig in de natuur: (1) het wonder van de schepping, (2) de lente, (3) het beschouwen van dramatische natuurtaferelen, (4) natuur als het vreemde en natuurrampen, (5) de vogels.

Natuurlijk, het betreft hier maar een vlotte vergelijking. Maar tegelijkertijd laat de vergelijking zien dat de natuur bron kan zijn van diepe schoonheidservaringen. Het gaat hier overigens om een schoonheid die verder gaat dan schoonheid: het sublieme. Het sublieme is meestal mooi, maar is tegelijkertijd meer dan dat, namelijk een spanning tussen vrijheid en onbehagen. De aanblik van de Grand Canyon is schitterend. Tevens is die aanblik zo groots, dat het niet meer te bevatten is binnen de alledaagse denkkaders. En dat is huiveringwekkend, omdat men niet meer over de intellectuele middelen beschikt het schouwspel te duiden. Woorden schieten tekort. Men verliest psychische controle over de werkelijkheid. Tegelijkertijd kan dat bevrijdend werken, omdat men voor een moment verlost is van de alledaagse eigen identiteit, inclusief de beperkingen daarvan.

4. Gespleten persoonlijkheid

Een vergelijking tussen de opvatting van natuur waaruit het natuurbeleid voortkomt en de bronnen van verantwoordelijkheid voor natuur laat zien dat er flinke tegenstellingen zijn. Het ecosysteemmodel dat ten grondslag ligt aan het rijksnatuurbeleid is volledig abstract. De verantwoordelijkheid door burgers voor natuur is daarentegen altijd gericht op iets concreets, zoals een wilg of een kat. Iets waarbij men het resultaat van de eigen inzet direct kan aanschouwen, zoals het geval is bij de grutto-eitjes die men redt. Het ecosysteemmodel is volledig theoretisch, terwijl de handelingen van mensen juist erg praktisch zijn. Ten slotte is het ecosysteemmodel een product van de wetenschap, terwijl verantwoordelijkheid voor natuur juist voortkomt uit betekenissen die ontstaan in de alledaagse ervaringswereld van mensen. Men voelt meer voor een grutto dan voor biodiversiteit, meer voor de eigen kat dan voor een ecosysteem.

Het is vreemd dat de overheid natuurbeleid ontwikkelt vanuit een abstracte, theoretische en wetenschappelijke wereld, vervolgens dat natuurbeleid projecteert op de bevolking en dan verwacht dat die bevolking zich verantwoordelijk gaat voelen voor iets dat niet tastbaar en concreet is, een beleid zelfs waarvan de meeste mensen de abstracte theoretische achtergrond niet eens goed begrijpen. In die zin heeft het ministerie van LNV een gespleten persoonlijkheid: geen beleid voeren dat de betrokkenheid van mensen bij natuur als uitgangspunt neemt, maar vervolgens deze betrokkenheid wel eisen.

5. Natuur voor mensen vóór mensen voor natuur

De eerste stap voor het ministerie van LNV zou een verandering van de probleemstelling moeten zijn. De vraag: 'Hoe kunnen we de bevolking bewegen tot het dragen van medeverantwoordelijkheid voor natuur?', is een ondeugdelijke vraag, omdat uit talloze voorbeelden blijkt dat deze verantwoordelijkheid er al bestaat. Een betere vraag zou daarom zijn: 'Hoe kunnen de bronnen van verantwoordelijkheid voor natuur worden aangegrepen in het natuurbeleid?' Daarbij zou de overheid bereidheid moeten tonen om de eigen natuuropvattingen en -concepten minder dogmatisch naar voren te schuiven. Blijft ze vasthouden aan de ecosysteemopvatting, prima - hoewel je je daarbij meteen afvraagt voor wie de overheid dan nog beleid maakt - maar het is volstrekt onzinnig te denken dat mensen met andere opvattingen dan vrijwillig gaan meewerken aan de uitvoering van dat beleid. Wil je beleid ontwikkelen waarvoor particulieren verantwoordelijkheid dragen, dan moet je beleid ontwikkelen dat aansluit bij de opvattingen van diezelfde particulieren, wat die opvattingen dan ook mogen zijn. Mensen zijn er voor natuur, maar dan wel voor wat die natuur betekent voor diezelfde mensen. Het ministerie zou haar eigen doelstelling, namelijk natuur voor mensen, serieus moeten nemen. Natuur voor mensen gaat vóór mensen voor natuur, niet andersom. Niet, zoals nu nog het geval is, de beleving van natuur door de bevolking slechts als retoriek inzetten om de ecosysteem geïnspireerde plannen te verkopen, maar die beleving problematiseren en als een van de grondslagen voor het beleid gaan inzetten, dat zou een weg zijn om de bestaande verantwoordelijkheid in te schakelen voor de verwezenlijking van het natuurbeleid. Er is geen tekort aan verantwoordelijkheidsbesef, er zijn alleen maar denkkaders van de overheid waarbinnen dit besef niet verschijnt.

De angst dat het onmogelijk is om tot een gezamenlijke doelstelling te komen vanuit een veelheid aan beelden en wensen met betrekking tot de natuur is volstrekt ongegrond. Impliciet schuilt achter deze angst de gedachte dat het nodig is om tot één doelstelling voor dé natuur te komen. Dé natuur bestaat echter niet: er zijn vele plekken in Nederland, die allemaal van elkaar verschillen, die meer en minder natuurlijk zijn, en die verschillende soortsamenstellingen en ecologische processen kennen. Er is dus ruimte voor een veelheid aan opvattingen, zelfs voor opvattingen die met elkaar conflicteren. Op de ene plek kan de motorcrosser zich lekker uitleven, terwijl op een andere plek een paar kilometer verderop de vogelaar rustig zijn gang kan gaan. En waarschijnlijk is het soms mogelijk ogenschijnlijk met elkaar conflicterende opvattingen over dezelfde plek te laten samengaan in een gezamenlijk planningsproces. De wil om tot een gezamenlijke nationale doelstelling te komen zou alleen maar tot verschraling leiden.

Onderzoek naar het thema verantwoordelijkheid voor natuur zou zich in eerste instantie kunnen richten op alledaagse 'betekenis-handelings-praktijken' ten opzichte van de natuur. Met deze frase wordt bedoeld dat het niet alleen moet gaan om betekenissen van natuur, maar om het cluster van betekenissen en de wijze waarop ze ingebed zijn in en tot uiting komen in de handelingspraktijken van mensen die een bepaalde relatie tonen met natuur, in welke vorm dan ook. Deze betekenis-handelings-praktijken vormen immers het fundament waaruit verantwoordelijkheidsgevoel voor de natuur ontstaat. Aansluitend daarop zou het ministerie de eigen natuurconcepten ter discussie moeten stellen, om verbindingen te kunnen zoeken met deze praktijken en de bronnen van medeverantwoordelijkheid aan te boren.

Literatuur

Abrahamse, J-E. & J. Webbink (1999). Waterveld in Oost-Groningen. *Dorpslandschappen* 3.

Buijs, A. (2000). Natuurbeelden van de Nederlandse bevolking. *Landschap* 17, pp. 97-112.

Jacobs, M.H., A.E. van den Berg, F. Langers, R.B.A.S. Kralingen & S. de Vries (2002). *Waterbeelden. Een studie naar de beelden van waternatuur onder medewerkers van Rijkswaterstaat.* Wageningen: Alterra.

Ministerie van LNV (2000). *Natuur voor mensen, mensen voor natuur. Nota natuur, bos en landschap in de 21ᵉ eeuw.* Den Haag: Ministerie van Landbouw, Natuurbeheer en Visserij.

Rushdie, S. (1999). *De grond onder haar voeten.* Amsterdam: Uitgeverij Contact.

4. Medeverantwoordelijkheid tussen zelfdiscipline en zelfsturing, tussen verheven en triviaal, tussen doel en middel

Bram van de Klundert

Een essay is naar zijn oorspronkelijke betekenis een probeersel. Zo wil ik het dan ook opvatten. Ik wil de randen van mijn kennis en overtuigingen opzoeken, voor zover dat kan in een beperkte tijd. Ik wil niet proberen strikt aan een wetenschappelijk of ambtelijk idioom vast te houden. Eigen ervaring, emotie en intuïtie zullen een rol spelen.

Volgens de probleemstelling van deze bundel wil de rijksoverheid meer medeverantwoordelijkheid voor natuur leggen bij andere overheden en particulieren. Waarom ze dat wil blijft in het midden, terwijl dat wel bepalend is voor de beoordeling van strategieën en resultaten. Tevens wordt een aantal knelpunten genoemd waarvan je je af kan vragen of dat knelpunten zijn:

- De diversiteit aan beelden en wensen. Mij lijkt dat juist geen probleem maar de centrale opgave. Medeverantwoordelijkheid en zelfsturing gaan inhoudelijk gesproken om de vraag hoe je als overheid recht doet aan pluriformiteit.
- Natuur is een consumptiegoed waar mensen alleen voor willen betalen. Mij lijkt dat medeverantwoordelijkheid op verschillende niveaus vorm kan krijgen. Soms in de vorm van een donatie, maar soms ook in de vorm van stemgedrag, inspraak, directe verantwoordelijkheid voor een concreet plan of de inrichting of het beheer van een gebied. Het zou ook goed zijn om je af te vragen waar de winst ligt voor de burger in plaats van te redeneren vanuit overheidsdoelen.

Voordat ik inga op de centrale vraag van deze bundel naar de kansen en belemmeringen voor medeverantwoordelijkheid voor natuur, vlieg ik eerst wat hoger. Aan de basis van de vraag hoe medeverantwoordelijkheid voor natuur eruit zou kunnen zien, ligt een aantal opvattingen en aannames die meestal impliciet blijven:

- Wat verstaan we eigenlijk onder (mede)verantwoordelijkheid? In welke context spreken we over medeverantwoordelijkheid? Zien we het streven naar medeverantwoordelijkheid als een aanvulling op het bestaande beleid of moet het in plaats van het huidige beleid komen?

- Wat verstaan we onder natuur? Is landschap iets anders? Welke emoties en overtuigingen spelen er? Hoe belangrijk is natuur? Is natuur een eenvoudig consumptiegoed of is het iets uit een meer bijzondere categorie?

Deze vragen bijten in elkaars staart: de vragen of medeverantwoordelijkheid aan de orde is en hoe deze vorm gegeven kan worden, zijn immers direct afhankelijk van, bijvoorbeeld, de vraag hoe belangrijk of hoe kwetsbaar je natuur vindt.

1. Het begrip 'verantwoordelijkheid'

In de actuele bestuurlijke en maatschappelijke discussie speelt het begrip 'verantwoordelijkheid' een grote rol. Traditionele verdelingen zijn op allerlei manieren in discussie geraakt:

- De overheid wil op tal van plaatsen meer marktwerking. In het kader van natuur kan gedacht worden aan de redenering dat iedereen als natuurbeheerder in aanmerking moet kunnen komen.
- Politieke partijen hebben nauwelijks nog een sociaal-culturele bedding. Sectorale belangenorganisaties hebben vaak nog wel een grote aanhang. Denk aan de enorme aantallen leden van natuurbeschermingsorganisaties.
- De verantwoordelijkheid over de traditionele bestuurslagen verschuift. Er gaat veel verantwoordelijkheid naar Brussel en binnen Nederland is er een sterke roep om heldere subsidiariteit en meer verantwoordelijkheid bij lagere bestuurslagen. Denk aan het feit dat Brussel aanzienlijke druk heeft uitgeoefend om habitatgebieden aan te wijzen en aan de jarenlange discussie tussen rijk en provincie over de bevoegdheden rond natuur.
- In de verantwoordelijkheidsverdeling binnen de b-vierhoek (burger, bestuur, bedrijfsleven en belangenorganisaties) is veel aan het veranderen. Sommigen spreken liever over de driehoek markt, overheid en civil society. Daarvoor geldt hetzelfde. Een voorbeeld is het ontstaan van de agrarische natuurverenigingen.

Het begrip 'verantwoordelijkheid' kan op veel manieren uiteen worden gelegd. Een eerste differentiatie is die naar *subject* en naar *object*. Bij verantwoordelijkheid voor de natuur betekent dit: verantwoordelijkheid van wie en verantwoordelijkheid waarvoor?

Aan de subjectzijde speelt, naast verantwoordelijkheid van het individuele subject, verantwoordelijkheid van het individu als onderdeel van grotere entiteiten. Men kan zich ook als gezin, groep vrienden, buurtgenoten, landgenoten, als lid van een politieke partij of belangenorganisatie, als mensheid verantwoordelijk voelen.

*Mede*verantwoordelijkheid verwijst naar een vorm van verantwoordelijkheid op de grens van deze twee. Dit essay gaat onder meer over de vraag hoe je kunt schuiven van collectieve verantwoordelijkheid (van de rijksoverheid) naar meer individuele verantwoordelijkheid.

Vanuit het object bezien spelen soortgelijke dimensies. Mensen kunnen zich verantwoordelijk voelen voor hun geliefden, hun dierbaren. Die verantwoordelijkheid kan ook worden uitgebreid naar verantwoordelijkheid voor de medemens in een wijdere kring: de familie, de buurtgemeenschap, de landgenoten, de wereldbevolking, toekomstige generaties. Een andere vorm van uitbreiding van verantwoordelijkheid is van mensen naar andere levende wezens: naar de dieren, alles wat leeft. Nog verdergaand is verantwoordelijkheid voor het niet-levende deel van de wereld: *global commons* en cultureel erfgoed.

*Mede*verantwoordelijkheid heeft ook op deze as betrekking omdat het in deze bundel immers ook gaat over het verruimen van de verantwoordelijkheid van hele directe verantwoordelijkheid (bijvoorbeeld voor de natuur in de eigen tuin) naar meer indirecte (bijvoorbeeld voor het behoud van biodiversiteit).

In de praktijk spelen de subject- en objectzijde van verantwoordelijkheid meestal door elkaar. Men vraagt zich af of men zelf verantwoordelijk is of wil zijn, in hoeverre anderen verantwoordelijk zijn en hoe ver de verantwoordelijkheid strekt. Een klassiek voorbeeld waarbij deze twee aspecten van verantwoordelijkheid interfereren is de *tragedy of the commons*. Daar interfereert de individuele verantwoordelijkheid met die van de groep en van de verschillende manieren waarop je het object invult. Een hedendaags voorbeeld is dat van mobiliteit. Ben ik alleen verantwoordelijk voor de negatieve gevolgen en moet ik mijn auto maar laten staan, moeten we als wijkbewoners wat doen of hoort de overheid het te regelen. Streef ik vooral naar lokale veiligheid of naar beperking van mondiale milieu-problemen.

Een tweede onderscheid is dat tussen verantwoordelijkheid *nemen* en verantwoordelijk *zijn*. Verantwoordelijkheid nemen wordt over het algemeen als iets positiefs gezien, als een daad die hoort bij volwassenheid. Verantwoordelijk zijn klinkt serieuzer. Dit verwijst snel naar schuld. Aan dit begrip worden drama's van de mensheid opgehangen: denk aan "Ich habe es nicht gewusst", "Befehl ist befehl", de ondergang van de Titanic en de natuurkundigen die onverwacht wegbereiders van de atoombom werden.

Ten derde is er nog een belangrijke vraag: zie je medeverantwoordelijkheid als een *middel* of als een *doel?* Medeverantwoordelijkheid kan worden gezien als een middel om natuur te behouden of te ontwikkelen in situaties waar de overheid of natuurbeschermings-organisaties onvoldoende middelen hebben. Dan is het instrumenteel. Medeverantwoordelijkheid kan ook worden gezien als een doel. In eerste instantie om betrokkenheid te vergroten, in tweede instantie zelfs meer ideologisch, omdat je wil dat mensen hun lot in eigen hand nemen. Dan heeft het een intrinsieke betekenis. Dit onderscheid is niet puur academisch. Zoals we zullen zien, bepaalt dit onderscheid in hoge mate hoe je een casus beoordeelt.

Ten vierde zijn vele vormen van medeverantwoordelijkheid mogelijk. In het kader van de vraagstelling voor dit essay lijkt het erop dat men met medeverantwoordelijkheid vooral doelt op medeverantwoordelijkheid voor het *gebruik en beheer*. Medeverantwoordelijkheid kan echter net zo goed betrekking hebben op *planning en inrichting*. Op nationaal niveau kan dit tot uiting komen in stemgedrag of lidmaatschap van een vereniging; op lokaal niveau in de vorm van inspraak bij planning en uiteraard ook bij het concrete inrichten en beheren. Het zou een ontkenning van wezenlijke betrokkenheid zijn als we medeverantwoordelijkheid alleen willen betrekken op concrete activiteiten op lokale schaal.

Ten slotte, voor mij is medeverantwoordelijkheid in de context van natuurbeleid geen *passief* begrip. Ik heb het niet over de medeverantwoordelijkheid die je neemt als je afvalpapiertjes *niet* op straat gooit of de auto *laat staan*. Dat noem ik zelfdiscipline. Van medeverantwoordelijkheid is in mijn opvatting ook niet echt sprake als je wordt betaald om een taak uit te voeren zoals bij agrarisch natuurbeheer.

Ook de medeverantwoordelijkheid van andere overheden, bedrijven, maatschappelijke organisaties of individuen, waarnaar de rijksoverheid streeft, vind ik in het kader van dit essay niet erg interessant als het om decentralisatie of delegatie van taken gaat. Bij 'Operatie Boomhut' (zie paragraaf 2) ging het niet om decentralisatie van taken, maar om het uitlokken van andere overheden om meer te doen dan van ze werd verwacht. Het vermoeden bestond dat er meer belang wordt gehecht aan natuur door burgers dan in de (nationale) politiek tot uiting komt. Overigens wordt de vraag naar medeverantwoordelijkheid van lagere overheden wel interessant als ook de bepaling van doelen en niet alleen de uitvoering aan de orde kan komen. Dan wordt het echt spannend, want dan zul je als centrale overheid moeten bepalen wat je kerntaken en kerndoelen vindt.

Medeverantwoordelijkheid is in mijn opvatting een *actief* begrip. Het gaat om actief vormgeven aan de kwaliteit van je leefomgeving zonder dat daar een vergoeding tegenover staat. Deze vorm van medeverantwoordelijkheid moet gepaard gaan met beslisruimte, de kans om eigen keuzen te maken. Voor mij heeft medeverantwoordelijkheid als een vorm van zelfsturing een waarde op zich. Als je zelfsturing serieus neemt, zou je burgers de ruimte moeten bieden om doelen te bepalen en niet alleen om mee te praten over de uitvoering of het beheer.

Het streven naar medeverantwoordelijkheid komt voor mij in de eerste plaats voort uit de intrinsieke waarde die ik eraan hecht en veel minder uit de instrumentele betekenis ervan. Medeverantwoordelijkheid van burgers kan geen alternatief zijn voor gebrek aan overheidsbeleid op essentiële terreinen. Medeverantwoordelijkheid zou in mijn opvatting moeten gaan om de extra kwaliteit van de leefomgeving en sterk ingekleurd moeten zijn door de mensen die er gebruik van maken. Dit was de inzet van 'Operatie Boomhut'.

2. Operatie Boomhut

Tijdens de voorbereiding van de nota *Natuur voor Mensen, Mensen voor Natuur* (hierna NvMMvN) (Ministerie van LNV, 2000) liep het project 'Operatie Boomhut'. Daarbinnen zijn diverse verkenningen gedaan naar de mogelijkheden van medeverantwoordelijkheid onder het motto 'zelfsturing'. Het begrip 'zelfsturing' gaat verder dan medeverantwoordelijkheid. In ieder geval legt het de nadruk op andere aspecten, zoals persoonlijke ontwikkeling en vrijheid.

'Operatie Boomhut' beoogde twee dingen. In de eerste plaats recht doen aan de pluriformiteit aan natuuropvattingen. In de tweede plaats wilden we ruimte bieden aan het idee van zelfsturing, mensen de mogelijkheid bieden om hun ideeën over hun leefomgeving te realiseren. Ook in de nota NvMMvN komt deze tweeledige doelstelling tot uiting, maar daar blijft het eigenlijk wel bij. De component 'natuur voor mensen' is een beetje ingevuld maar de component 'mensen voor natuur' nauwelijks.

Ruimte bieden aan 'natuur voor mensen' is niet eenvoudig te realiseren naast een complex, op natuurwetenschappelijke criteria gebaseerd stelsel van natuurdoeltypen met bijbehorende vergoedingstelsel. Meer ruimte voor 'natuur voor mensen' komt alleen tot uiting in de middelen die zijn vrijgemaakt voor natuur bij de stad.

Het concept 'mensen voor natuur' lijkt politiek niet erg interessant. Als burgers initiatief nemen scoor je immers als minister nauwelijks. Natuurbeschermingsorganisaties zie je wel meer rekening houden met wensen van bezoekers, maar medeverantwoordelijkheid stimuleren lijken ze toch een stap te ver te vinden. De vraag is of dit erop duidt dat de politiek c.q. het departement dit te risicovol vindt of politiek niet interessant óf dat dit niet gemakkelijk is in te vullen.

Voor mij was het uitgangspunt bij 'Operatie Boomhut' vooral de vraag hoe je een bedding kunt geven aan de betrokkenheid van burgers bij natuur, zoals die blijkt uit de massieve aantallen leden van natuurbeschermingsorganisaties, de belangstelling voor natuurprogramma's op televisie, etcetera. Kortom, niet om overheidstaken bij de burger te leggen, maar om de betrokkenheid van burgers tot uiting te laten komen naast de overheidstaken.

In het kader van 'Operatie Boomhut' vloeide het idee om te zoeken naar vormen van zelfsturing enerzijds voort uit de bestuurskundige literatuur en anderzijds uit de filosofie. In de bestuurskundige literatuur wordt een verschuiving gesignaleerd van hiërarchische planning via netwerksturing naar zelfsturing. In de filosofie speelt de Vlaamse filosoof Arnold Cornelis een prominente rol. Hij heeft in dit verband behartigswaardige dingen gezegd in *De logica van het gevoel* (1988). Het stelt dat de mens in de postmoderne samenleving op zoek is naar waarden en betekenis via de weg van communicatieve zelfsturing. In deze benadering is medeverantwoordelijkheid geen handig middel om doelen te realiseren, maar een doel op zich met een intrinsieke betekenis.

In de verkenningen naar de betekenis van zelfsturing voor 'Operatie Boomhut' zijn enkele leerpunten geformuleerd. Zo viel op dat vormen van medeverantwoordelijkheid op alle niveaus en sectoren te vinden zijn, maar binnen het natuurbeleid nauwelijks aandacht krijgen. Op andere terreinen dan natuur is vaak meer aandacht voor dergelijke initiatieven. Ik verklaar dit vanuit het feit dat natuurbescherming vanouds een nogal elitaire aangelegenheid was. Natuur werd als kwetsbaar en complex gezien, niet iets om aan 'ondeskundige' burgers over te laten. Uit de schaarse voorbeelden konden de volgende aandachtspunten voor zelfsturing worden afgeleid:

- De overheid moet zich een stabiele en betrouwbare partner betonen.
- Een intermediar is belangrijk voor de communicatie.
- Overheidssteun is vaak onontbeerlijk.
- Burgers zijn vaak slechts korte tijd bereid zich in te zetten.
- De overheid kan via voorlichting, beschikbaar stellen van expertise en ondersteuning veel betekenen.

3. Het begrip 'natuur'

Het begrip 'natuur' is complex en kent filosofische, ethische, esthetische, sociale, psychologische, praktische, wetenschappelijk dimensies. Hoe je het ook ziet, de verhalen over natuur vertellen altijd meer over de samenleving waar de verhalen uit voortkomen dan over de natuur zelf. De Chinezen deelden het dierenrijk in 1500 voor Christus als volgt in: dieren die de keizer toebehoren, dieren die zojuist een kruik hebben gebroken, dieren die vanuit de verte op vliegen lijken, dieren die met een fijn penseelharen kwastje geschilderd kunnen worden, etcetera. Op dit moment hebben we een tien centimeter dik *Handboek Natuurdoeltypen* (Bal et al., 2001) waarin de natuur in meer dan honderd typen uiteen wordt gelegd. Beide indelingen zeggen meer over de samenleving dan over de natuur.

Ook de sociaal-culturele differentiatie in opvattingen bínnen samenlevingen is groot. Er bestaan tal van indelingen in de soorten natuur die mensen waarderen. Klassiek zijn de verschillende opvattingen gerelateerd aan maatschappelijke rollen of aan kennis en ervaring. Ook klassiek zijn de verschillende opvattingen over de kwetsbaarheid van natuur. De vraag of je natuur erg kwetsbaar vindt of juist helemaal niet en alle variaties daartussenin kan vaak redelijk gerelateerd worden aan politieke stromingen.

Van meer recente datum is het gegeven dat de opvattingen van allochtonen over natuur sterk verschillen van die van autochtonen. Het gegeven dat de meerderheid van de bewoners van de grote steden op afzienbare termijn van allochtone afkomst is, maakt de vraag naar het natuurbeeld van allochtonen van substantiële betekenis.

De temporele differentiatie in natuuropvattingen is eveneens groot. Heel relevant lijkt mij in deze context het feit dat maatschappelijke veranderingen, ecologische theorieën en beleidsstrategieën niet alleen doorlopend veranderen maar ook nauw verbonden zijn. Als de een verandert veranderen de andere twee ook. In mijn ervaring komt de eerste impuls vaak vanuit een maatschappelijke verandering en wordt er vervolgens een ecologische theorie bijgezocht om een strategie te verantwoorden. Terugkijkend op de 20e eeuw kun je, zeker voor de tweede helft, per decennium een ander natuurprobleem aanwijzen dat als dominant wordt gepercipieerd. Daar hoort dan ook steeds een andere ecologische theorie bij en een andere beleidsstrategie.

Op dit moment zijn politiek-beleidsmatig de Ecologische Hoofd Structuur (EHS) en het begrip 'biodiversiteit' dominant. De EHS wordt hierbij als een middel voor het behoud van biodiversiteit gezien, maar heeft ook een eigenstandige betekenis. Voor de biodiversiteit is in het *Natuurbeleidsplan* (1990) een referentie gekozen. Die is nogal toevallig. De evolutie heeft geen doel en in het perspectief van de eeuwigheid is alles OK. Alle betekenis van natuur is de betekenis die mensen eraan toekennen. Alle motieven om natuur te behouden of te ontwikkelen zijn uiteindelijk ontleend aan menselijke wensen.

Men kan natuurdoelstellingen relativeren, maar praktisch gesproken zit de overheid natuurlijk wel vast aan juridische verplichtingen omtrent biodiversiteit. De burger hoeft daar geen boodschap aan te hebben, die mag wensen wat hij wil. Op zich is het overigens niet moeilijk om je voor te stellen dat hier met een zekere subsidiariteit van taken en verantwoordelijkheden goed is uit te komen, bijvoorbeeld de overheid regelt de EHS en biodiversiteit, de burger regelt de groene kwaliteit van zijn leefomgeving.

De meeste burgers spreken over natuur niet in termen van biodiversiteit. Natuur lijkt voor de burger een paraplubegrip waaronder planten, dieren, wolken, waterlopen, etcetera vallen. Het begrip 'landschap' past daar goed bij. Tot hier toe heb ik in het midden gelaten of we het over natuur over landschap hebben. Voor een deel is het een semantische kwestie. Het begrip 'landschap' kwam in de 16^e eeuw Engeland binnen als Nederlandse import, oorspronkelijk ontstaan in Duitsland. Het stond voor een eenheid van menselijke bezetting, een rechtsgebied zelfs en daarnaast voor iets dat een prettig onderwerp kan zijn om te schilderen. Als we het hebben over mede-verantwoordelijkheid voor de dagelijkse leefomgeving past het begrip 'landschap' mogelijk beter dan het begrip 'natuur'. Ik hanteer het begrip natuur maar bedoel daar een visueel-ruimtelijke constellatie mee waar natuurlijke elementen domineren.

Over de betekenis van 'natuur' verschillen de meningen sterk. Heel globaal gesproken is er een triviale en een meer spirituele stroming te herkennen. In de triviale stroming is natuur vooral functioneel voor de mens. In de inleiding van de verkenning *Ecologie inclusieve participatie* (Van den Top & Timmermans, 1999) wordt gesteld dat voor de meeste mensen natuur geen deel uit maakt van hun leefwereld. Het is vrijwel volledig teruggedrongen tot consumptieruimte, in de vorm van recreatie. Natuur is een decor voor allerlei vormen van recreatie. Tracy Metz (2002) lijkt ook een representant van deze stroming. Naast de recreatieve functie worden binnen deze stroming ook andere functies toegekend aan natuur en landschap. Deze zijn functioneel in enge zin. Je kunt allerlei producten en informatie aan de natuur ontlenen.

De andere stroming ziet meer fundamentele, existentiële aspecten in de relatie mens natuur. Schrijvers en kunstenaars als John Berger, Simon Schama, Henri David Thoreau, René Margritte en Ton Lemaire, schaar ik onder deze stroming.

John Berger wijst op natuur en landschap als een lijn die ons verbindt met al de generaties voor ons en al de generaties na ons. In zijn boek *Het Varken Aarde* (1992) beschrijft hij op dramatische wijze een breuk in die lijn. In zijn visie is landschap geen decor maar de schakel tussen verleden en toekomst in ons haastige leven, in een ontworteld bestaan.

Schama stelt in zijn boek *Landschap en herinnering* (1995):

> "Wat ik heb geprobeerd te laten zien is dat culturele gewoonten van de mensheid altijd ruimte hebben gelaten voor de heiligheid van de natuur. Al onze landschappen, van het stadspark tot de berghelling, dragen in feite de stempel van onze hardnekkige , onontkoombare obsessies." (Schama, 1995, p. 29)

Een van zijn meest uitgesproken stellingen is dat aspecten van de omgang met natuur "....rechtstreeks leiden naar het wezen van onze diepste verlangens: de hunkering om in de natuur troost te vinden voor onze sterfelijkheid." (Schama, 1995, p. 25).

Als Henri David Thoreau stelt dat "In het wilde het behoud ligt van de wereld" (geciteerd door Lemaire, 2002), bedoelt hij dat veel meer in spirituele dan praktische zin. Tekenend is ook zijn uitspraak: "Het heeft geen zin te dromen van een wildheid ver van onszelf. Die is er niet. Het is het moeras in onze geest en ingewanden, het primitieve geweld van de natuur in ons dat de droom oproept." (in: Schama (1995, p. 614)).

De kunstenaar René Magritte vat een aantal van bovengenoemde zaken samen:

> "We zien natuur als buiten onszelf, hoewel het alleen een geestelijke voorstelling is van iets dat we innerlijk ervaren. We hebben een tekening nodig voordat we de vorm kunnen onderscheiden, laat staan genoegen beleven aan onze ervaring. Cultuur, conventie en cognitie maken die tekening; verlenen de indruk op ons netvlies van de kwaliteit die wij als schoonheid ervaren." (Kilmartin et al., 1992, p. 62)

De filosoof Ton Lemaire beschrijft op tal van plaatsen in zijn boeken de existentiële betekenis die natuur voor hem heeft.

Naast de triviale betekenis van natuur als functioneel (consumptie)goed lijkt er dus zeker erkenning nodig voor meer spirituele betekenissen en ervaringen. Ook uit de reacties op 'Operatie Boomhut' kwam een dergelijk gediversifieerd beeld naar voren.

Mijn uitgangspositie wat betreft medeverantwoordelijkheid in relatie tot natuur luidt:

- Medeverantwoordelijkheid kent vele vormen. Het kan betrekking hebben op lokale schaal, de dagelijkse leefomgeving maar ook op hogere schalen. Het kan betrekking hebben op inrichting en beheer, maar ook op planning en doelformulering.
- De doelstelling voor het streven naar medeverantwoordelijkheid kan intrinsiek (goed dat er medeverantwoordelijkheid is) of instrumenteel (goed dat iemand de doelstelling realiseert) zijn.
- De inhoudelijke wensen van de overheid ten aanzien van natuur op lokaal niveau hoeven in de meeste gevallen niet erg dominant te zijn. Overheden zouden meer duidelijk moeten maken waar wel en waar geen ruimte is voor invulling van doelen. Waar het gaat om kerngebieden binnen de EHS of om het behoud van een specifiek organisme kan medeverantwoordelijkheid deels instrumenteel worden ingevuld. In andere situaties zou medeverantwoordelijk intrinsiek moeten worden opgevat en vormgegeven.
- Ik geloof niet dat mensen, hoewel ze zich gedragen als consumenten, slechts een triviale relatie hebben met natuur zoals met andere consumptiegoederen. Dat versterkt de wenselijkheid om aan medeverantwoordelijkheid in intrinsieke zin vorm te geven.
- Medeverantwoordelijkheid stimuleren vraagt niet alleen een open, respectvolle houding van de overheid, maar vaak zullen er ook faciliteiten nodig zijn (mensen en middelen). Creatieve allianties zijn gewenst; er is bij de ontwikkeling van natuur vrijwel altijd sprake van multifunctionaliteit. Vereveningsstrategieën kunnen zo worden uitgewerkt dat ze medeverantwoordelijkheid ondersteunen.

4. Cases en andere voorbeelden

Grutto: boer of natuurbeschermingsorganisatie?
De eerste afweging die je moet maken vanuit overheidsperspectief heeft betrekking op de vraag of de bescherming van grutto's een kerntaak is. Volgens de huidige doelstellingen is dat het geval. Hoeveel en in welke constellatie is een open vraag. De tweede afweging heeft betrekking op de vraag of je graag wil dat boeren een rol spelen op

intrinsieke gronden (goed dat boeren een rol spelen) of op instrumentele gronden (efficiënt, doelmatig, etcetera).

In het kader van de huidige natuurdoelstellingen en de EHS wordt de bescherming van grutto's door boeren instrumenteel beoordeeld. Er zijn veel aanwijzingen dat weidevogelbeheer dat in de eerste plaats gericht is op natuurdoelen, betere resultaten oplevert met meer zekerheid op termijn en voor minder kosten dan weidevogelbeheer door boeren. Voordat er werd gekozen voor de EHS lag het, in het kader van een verwevingsstrategie, voor de hand boeren een belangrijke rol te geven. Andere motieven dan ecologische en financiële gaven toen de doorslag.

Agrarisch natuurbeheer is in Nederland op initiatief van minister Van Aartsen tot stand gekomen. Niet uit oogpunt van efficiëntie of ecologie, maar omdat hij het monopolie van de professionele beheerders wilde doorbreken. Dat kwam meer voort uit het liberale gedachtegoed om marktwerking te stimuleren en outputfinanciering te bevorderen dan uit het stimuleren van medeverantwoordelijkheid van burgers op zich. Ook in Europese context speelt dit debat. Nederland kiest voor betaling van groene diensten omdat dit financieel voordeliger is dan inkomensondersteuning of prijssubsidie. Blijft er nog de intrinsieke motivatie. Uit tal van bronnen blijkt dat een aantal boeren ook intrinsiek gemotiveerd is om grutto's op hun bedrijf te hebben.

Puur instrumenteel pleit er niet zo veel voor de inzet van boeren omdat natuurbeschermingsorganisaties het waarschijnlijk goedkoper kunnen en de resultaten duurzamer zijn. Aan de andere kant zit er ook een intrinsiek aspect aan de medeverantwoordelijkheid voor weidevogelbeheer door boeren. In tegenstelling tot wat landbouworganisaties vroeger verkondigden, scheppen veel boeren er waarschijnlijk wel genoegen in hun bedrijf niet alleen als economische factor te zien maar ook als gebied met natuur en landschapswaarden. Wanneer boeren hiervoor betaald gaan worden, is echter geen sprake van zuivere medeverantwoordelijkheid, maar van betaling voor het product 'natuur'.

Zuivere medeverantwoordelijkheid is er wel bij de vrijwilligers. Provinciale en gemeentelijke vrijwilligersorganisaties die aan natuurbeheer doen zijn er tientallen. Vaak krijgen ze gereedschap en kennis van professionele organisaties en kleine subsidies van lokale overheden.

Bewoners en natuur

In twee van de drie genoemde voorbeelden hiervan is volgens mij geen sprake van medeverantwoordelijkheid van bewoners voor natuur in hun wijk. In het voorstel voor een 1%-groenregeling wordt gewoon een verplichting opgelegd om 1% van de investering aan groen te besteden. Dit is een onnodige regel. Vaak worden projectontwikkelaars al gedwongen niet allen huizen te bouwen maar ook openbare voorzieningen aan te leggen. Dit lijkt meer op het vinden van financieringsbronnen dan op medeverantwoordelijkheid.

In projecten met het concept 'Groen door Rood' legt de ontwikkelingsmaatschappij Amstelland zelf groen aan om de woonomgevingskwaliteit te verbeteren en verplicht de bewoners vervolgens daarvoor te betalen. Organisaties als Natuurmonumenten en overheden mogen meedenken. Die zijn dan goedkoop uit. Dit lijkt meer op verplichte winkelnering en afwenteling dan op medeverantwoordelijkheid. Het zou interessanter worden als een vereveningsstrategie middelen zou genereren waarmee toekomstige bewoners ondersteund zouden worden bij eigen initiatieven. Ook ruimere vereveningsstrategieën zijn perspectiefvol.

Alleen in het voorbeeld van de Culemborgse wijk EVA-Lanxmeer is sprake van medeverantwoordelijkheid. Burgers/bewoners zijn vanaf de plannings - via de inrichtings - tot de beheerfase betrokken. Aanvankelijk is het meer invloed dan verantwoordelijkheid. In de beheerfase is er pas echt sprake van medeverantwoordelijkheid. De burgers worden in dit geval nog wel erg 'gepamperd', ze krijgen alles aangereikt. Daar is op zich niets op tegen, al is het is geen mooi voorbeeld van zelfsturing.

Mooie voorbeelden

Mooie voorbeelden van medeverantwoordelijkheid zijn voorbeelden van initiatieven van individuen en organisaties die op eigen initiatief natuur ontwikkelen, zoals allerlei initiatieven op wijk, stad, dorp of regionaal niveau die een brede doelstelling hebben maar ook een bijdrage leveren aan de kwaliteit van natuur en landschap. Hierbij kan ook gedacht worden aan jagersverenigingen, hengelsportverenigingen, verenigingen voor agrarisch natuurbeheer, vrijwilligersorganisaties die natuur en landschap beheren of bedrijven en instellingen die hun terrein hoogwaardig hebben ingericht.

Het mooiste voorbeeld hiervan is te vinden in het boek *Binnendoor en buitenom* (Stortelder & Molleman, 1998). Daarin wordt beschreven hoe in de Achterhoek dorpsbewoners samen met boeren initiatieven hebben genomen om hun omgeving veilig en aantrekkelijk te maken. Omdat in de ruilverkaveling veel paden en kleine landschaps- elementen waren opgeruimd, moesten de kinderen over de drukke hoofdwegen fietsen. Na verschillende ongelukken hebben de burgers initiatief genomen om paden te herstellen. Daarbij kwam ook de betrokkenheid bij het landschap als vanzelf aan bod. De overheid heeft ondersteund met relatief bescheiden middelen. Planning, inrich- ting en beheer zijn onder verantwoordelijkheid van burgers gebracht. Het resultaat is een project waar men trots op is en dat de sociale cohesie heeft versterkt. In de marge zijn aardige resultaten voor natuur en landschap bereikt. Dit is een voorbeeld dat alles heeft van communicatieve zelfsturing: in dialoog heeft men waarden geëxpli- citeerd en is actief geworden om die te realiseren.

Voorlichtende, stimulerende en waarderende activiteiten van de overheid met betrekking tot deze eigen initiatieven tot zelfsturing zouden hier een rol kunnen spelen.

5. Tot slot

Medeverantwoordelijkheid is een gecompliceerd begrip gebleken. Het is ideologisch gekleurd. De betekenis van medeverantwoorde- lijkheid is sterk afhankelijk van het natuurbegrip dat wordt gehan- teerd. Als men natuur alleen als een functioneel (consumptie)goed opvat, krijgt medeverantwoordelijkheid al snel de betekenis van: tegen betaling voorzien in het product 'natuur'. In mijn ogen is dit geen 'echte' medeverantwoordelijkheid.

Ten slotte zijn overheden niet de meest stimulerende partij gebleken voor kleinschalige initiatieven van individuen, groepen en instellingen zelf om de kwaliteit van hun leefomgeving te verbe- teren. De condities voor en de communicatie over deze intrinsieke medeverantwoordelijkheid of zelfsturing, kunnen worden verbeterd, maar lijken - in ieder geval op nationaal niveau - politiek niet erg inte- ressant.

Literatuur

Bal, D., H.M. Beije, M. Fellinger, R. Haveman, A.J.F.M. van Opstal & F.J. van Zadelhof (2001). *Handboek Natuurdoeltypen.* Wageningen: Expertisecentrum-LNV.

Berger, J. (1992). *Het Varken Aarde.* Utrecht: Meulenhoff.

Cornelis, A. (1988). *De logica van het gevoel.* Amsterdam: Stichting Essence.

Kilmartin, T. & S. Whitfield (1992). *René Magritte: catalogue raisonné.* Antwerp: Fonds Mercator.

Lemaire, T. (2002). *Met open zinnen.* Amsterdam: Ambo.

Ministerie van LNV (2000). *Natuur voor mensen, mensen voor natuur. Nota natuur, bos en landschap in de 21ste eeuw.* Den Haag: Ministerie van Landbouw, Natuurbeheer en Visserij.

Metz, T. (2002). *Pret!: leisure en landschap.* Rotterdam: NAi Uitgevers.

Natuurbeleidsplan (1990). Regeringsbeslissing. 's Gravenhage: SDU Uitgeverij.

Schama, S. (1995). *Landschap en herinnering.* Amsterdam: Contact.

Top, I.M. van den & W. Timmermans (1999) *Ecologie inclusieve participatie.* Wageningen: DLO-IBN.

Stortelder, A. & G. Molleman (1998). *Binnendoor en Buitenom.* Utrecht: KNVV Uitgeverij.

5. Communicatiewetenschappelijke kijk op verantwoordelijkheid voor natuur

Noëlle Aarts

In toenemende mate en vooral ook zichtbaarder dan voorheen wordt in het publieke domein aandacht besteed aan de meningen van 'de mensen'. Met name in het kader van interactieve planvorming worden allerlei pogingen ondernomen om burgers te betrekken in het beleidsproces, op verschillende momenten, met verschillende doeleinden.

Dit essay gaat over het betrekken van mensen bij natuur en natuurbeleid. Vanuit de overheid bestaat de behoefte om het natuurbeleid zodanig vorm te geven dat mensen zich er in kunnen vinden. Door hen bij het beleidsproces te betrekken, hoopt men dat het beleid kwalitatief beter wordt, dat het beleid beter wordt geaccepteerd en dat mensen bovendien medeverantwoordelijkheid accepteren voor de realisering ervan. De vraag die in dit essay centraal staat is in hoeverre en onder welke voorwaarden mensen zich laten betrekken bij het natuurbeleid en zich medeverantwoordelijk voelen. Deze vraag wordt beantwoord aan de hand van een aantal inzichten die mede het resultaat zijn van onderzoek naar interactie en onderhandeling over natuur en natuurbeleid in Nederland.

Eerst zal ik ingaan op de wijze waarop boeren betrokken zijn geweest bij de ontwikkeling en de uitvoering van het *Natuurbeleidsplan* (hierna NBP) in 1990. Van daaruit problematiseer ik de betekenis van verschillende natuurbeelden. Deze analyse vormt de opstap voor een kritische beschouwing van verwachtingen van de overheid waar het gaat om het betrekken van burgers bij het natuurbeleid. Ik zal eindigen met het schetsen van voorwaarden voor het organiseren van medeverantwoordelijkheid, alsmede het formuleren van enkele belangrijke aandachtspunten voor beleid en onderzoek.

1. Het natuurbeleid, de boeren en het gebrek aan betrokkenheid

Na het verschijnen van het NBP vroeg een aantal mensen op het ministerie van LNV zich af hoe met name de boeren dachten over het

NBP en vooral ook waarom ze zo dachten. Voor de uitvoering van het natuurbeleid was en is men immers in hoge mate aangewezen op de vrijwillige medewerking van boeren. En kennelijk voelde men al vrijwel meteen nattigheid. Als we nu weten wat de boeren vinden en waarom ze dat vinden, dan kunnen we op basis daarvan een effectieve communicatiestrategie bedenken waarmee een draagvlak voor het natuurbeleid kan worden gerealiseerd, zo was de gedachte.

Uit onderzoek bleek waar men al bang voor was: de meeste boeren vonden het NBP helemaal niks en voelden zich totaal niet geroepen om mee te werken aan de uitvoering ervan (Aarts & Van Woerkum, 1994). Op de eerste plaats maakte het NBP deel uit van een reeks van overheidsbeslissingen met betrekking tot landbouw die boeren in hun bedrijfsvoering beperken. Deze beslissingen hadden voornamelijk betrekking op het milieu. De verhouding tussen de overheid en de boeren had daar al behoorlijk onder geleden. Het natuurbeleid was daarmee de druppel die de emmer met overheidsbemoeienis deed overlopen.

Bovendien voelden boeren zich behoorlijk miskend. Voor hun gevoel hadden ze zich, als eigenaren van het land, jarenlang verantwoordelijk gevoeld voor natuur en landschap. Generaties lang hebben zij de natuur en het landschap gevormd in samenhang met de ontwikkeling van hun bedrijf. In gesprekken benadrukten boeren dat zij niet alleen menen te beschikken over kennis en vakmanschap ten aanzien van natuuronderhoud, maar vooral ook over tijd: boeren maken lange werkdagen. Op grond van dit alles zien zij zichzelf als ware natuurkenners en -liefhebbers. In de beleving van de boeren was daar ineens een NBP, waarbij ze, voor de totstandkoming ervan, niet betrokken waren geweest, maar waar ze in de uitvoering wel van alles voor moeten doen, en vooral voor moeten laten. Het plan is geschreven door biologen en ecologen, het gaat over planten en dieren, over biodiversiteit en nieuwe natuur. Over het gedrag van boeren wordt in het plan niet gerept terwijl het daar in de uitvoering alleen maar over lijkt te gaan. Hier kwam overigens ook het probleem van belangenbehartiging in de landbouw naar voren: de overheid had wel overlegd met vertegenwoordigers van de boeren zoals het inmiddels opgeheven Landbouwschap, maar die waren de voeling met de praktijk allang kwijtgeraakt (zie Frouws, 1993).

De zogenaamde vrijwilligheid waarmee het natuurbeleid zou worden geïmplementeerd, als boeren niet mee willen doen, dan hoeven ze dat niet, werd door de boeren helemaal niet als zodanig ervaren: "Als mijn land in de EHS ligt, dan wil geen hond het meer hebben". Bovendien, zo bracht men naar voren: "Als mijn beide buurmannen aan natuur gaan doen, dan weet ik zeker dat ze mij ook niet droog houden."

Veel boeren vonden het beleid ook niet rechtvaardig. Natuurmonumenten, het Wereldnatuurfonds en de Waddenvereniging zijn inmiddels dan wel uitgegroeid tot massabewegingen met meer leden, en misschien ook wel met meer invloed dan politieke partijen, de kosten van een lidmaatschap staan volgens de boeren niet in verhouding tot hetgeen van hen wordt gevraagd: "Als die samenleving zo nodig natuur moet, waarom moeten wij er dan voor boeten? En dan nog: de meeste mensen geven geen bal om de natuur. Want ze accepteren geeneens de afhankelijkheid van het weer. Hup met zijn allen naar Spanje, vliegtuigen vol."

Daarbij komt dat de meeste boeren te kennen gaven dat zij de natuur niet bepaald als problematisch ervaren. "Het gaat toch goed met de natuur?" zeiden ze dan. "Moet je die prachtige beuken zien langs die varkensstal. Zien die eruit of ze lijden? Op de tv gaat het slecht met de natuur, bij ons niet." Wetenschappelijke feiten over de toestand van de natuur maken hier weinig indruk, temeer omdat ze nauwelijks richting geven. Zo geeft het feit dat het aantal broedparen van de grutto in Nederland tussen 1990 en 2000 is gedaald van 87.000 naar 58.000 geen antwoord op de vraag of we nu wel of niet moeten investeren in agrarisch natuurbeheer. Een dergelijk gegeven roept veeleer allerlei nieuwe vragen op.

Al met al bracht het NBP een hoop commotie en onzekerheid teweeg in de agrarische wereld. Die commotie werd uiteraard versterkt doordat boeren er onderling en via de vakbladen over praatten en elkaar bevestigden in een negatieve houding ten opzichte van het natuurbeleid. En er tekende zich een enorm acceptatieprobleem af.

Onze analyse is dat het NBP het product is geweest van een zogenoemde DAD-strategie: *Decide - Announce - Defend*, binnenskamers beleid maken, vervolgens aankondigen en verdedigen. De boeren hebben het beleid ervaren als een overval en als een bedreiging van hun bestaansrecht. Deze beleving was mede het resultaat van veranderingen in de relatie tussen boeren en de natuur. Veel boeren hebben inmiddels grote bedrijven waarin de zorg voor de natuur naar de achtergrond is geschoven, vanwege de nadruk op maximaal produceren. Nu wordt van hen extra aandacht voor de natuur gevraagd, waarbij sommigen van hen zelfs moeten verdwijnen voor het realiseren van een nieuw soort natuur. Daar ligt een tweede cruciale verandering: boeren werden middels het NBP voor het eerst geconfronteerd met natuurbeelden van anderen die kennelijk van een hogere kwaliteit werden geacht. Voor de boeren was daarvan de meest in het oog springende tegelijkertijd de meest bedreigende: de 'nieuwe' natuur.

Acceptatieproblemen
Op theoretisch niveau leerde het onderzoek dat het concept acceptatie van beleid meerdere dimensies kent die nauw met elkaar samenhangen, te weten:
- acceptatie van het probleem
- acceptatie van het ingrijpen van de overheid
- acceptatie van de maatregelen, voorzover beschouwd als:
  a. inpasbaar zijn in de dagelijkse routine
  b. rechtvaardig zijn, gezien de lasten die anderen dragen, en
  c. effectief zijn voor de oplossing van het probleem.

Uiteindelijk, zou men kunnen zeggen, gaat het de overheid om acceptatie van de maatregelen. Voor daadwerkelijke probleemoplossing lijkt deze dimensie immers cruciaal. De andere dimensies zijn echter zeker van belang. Wanneer in een eerder stadium geen expliciete overeenstemming is bereikt over de aard en de ernst van het probleem, dan is de kans groot dat niet alleen het probleem, maar ook het ingrijpen van de overheid ter discussie wordt gesteld. De kans op het nemen van medeverantwoordelijkheid om het probleem op te lossen wordt daarmee uiteraard bijzonder klein. Naarmate mensen, in dit geval boeren, zich meer bedreigd voelen door het beleid, zetten zij de hakken dieper in het zand. Interactie en onderhandeling worden daarmee lastige aangelegenheden (zie Aarts & Van Woerkum, 1994, voor een uitvoerige beschrijving).

Waar het gaat om het nader duiden van betrokkenheid bij het natuurbeleid, zijn ten slotte drie categorieën agrariërs onderscheiden:
1. boeren die op geen enkele manier betrokkenheid tonen: "Ik doe helemaal niks zolang er niet expliciet iets aan mij wordt gevraagd", aanvankelijk de grootste groep;

2. boeren die niks willen met natuur, maar wel bereid zijn om een beetje te doen aan agrarisch natuurbeheer als hun dat uitkomt. Het gaat dan om boeren die bijvoorbeeld een beheersovereenkomst hebben afgesloten op een marginaal stukje grond, of boeren die uiteindelijk toch besluiten om hun bedrijf aan de overheid te verkopen, bijvoorbeeld omdat ze geen opvolger hebben. Er is dus geen sprake van intrinsieke motivatie;
3. boeren die inzien dat de agrarische sector op een of andere manier actief betrokken moet zijn bij de zorg voor de natuur, het milieu en het landschap. Dit was aanvankelijk de kleinste groep, wel groeiende inmiddels. Deze boeren organiseren zich in toenemende mate, bijvoorbeeld in wat ook wel milieucoöperaties worden genoemd: samenwerkingsverbanden van veelal jonge en vooruit-strevende boeren die willen boeren met het oog op de toekomst en vanuit die gedachte niet alleen rekening houden met de natuur, het milieu en het welzijn van landbouwdieren, maar daar ook moge-lijkheden in zoeken voor additioneel inkomen.

Uitgaande van de gedachte dat betrokkenheid een voorwaarde is voor medeverantwoordelijkheid hebben wij het ministerie indertijd gead-viseerd om met deze laatste groep boeren in gesprek te gaan. Daar zit veranderingspotentieel, daar liggen mogelijkheden voor het organi-seren en vormgeven van medeverantwoordelijkheid.

2. Natuurbeelden en wat daaraan ten grondslag ligt

Met de bedoeling mensen actief te betrekken bij de natuur en het natuurbeleid zijn vele studies verricht naar en typologieën ontwikkeld van natuurbeelden van mensen (zie Keulartz et al., 2000, voor een uitgebreid overzicht; Natuurbeschermingsraad, 1993; Volker et al., 2000; Zweers, 1995). Zo weten we dat het gegeven, dat veel boeren geen probleem zien als het om de toestand van de natuur gaat, samen-hangt met een wel heel specifiek en inmiddels welbekend 'boeren-natuurbeeld'. Boeren hebben een breed natuurbeeld: alles wat groeit, bloeit en leeft. De landbouwdieren, de gewassen, maar ook het weer en de wisseling der seizoenen scharen boeren onder het hoofdstuk natuur. Boeren vinden natuur mooi, maar vaak ook lastig. Ze zijn voor hun inkomen, weliswaar minder dan vroeger, maar nog steeds in hoge mate afhankelijk van de grillen van de natuur. Het is te nat, of juist te droog. Voortdurend kunnen allerlei plagen en ziekten de kop opsteken en de hele productie teniet doen. Het gevolg is een behoorlijk ambivalente houding ten opzichte van de natuur. Aan de ene kant zijn boeren enorme bewonderaars en genieters van de natuur, aan de andere kant ervaren ze de natuur als zijnde lastig, onvoorspelbaar en wreed. Een melkveehouder uit Friesland brengt die ambivalentie heel treffend als volgt onder woorden:

> "Wat ik dus allemachtig prachtig vind, dat is zo'n eenzame boom in mijn weiland, beetje mist erbij. Zo'n boom, dat doet je wat. Maar als die boom mij iedere keer in de weg staat als ik moet maaien, dan vind ik hem steeds minder mooi, en dan gaat hij uiteindelijk toch om, 's nachts."

Niet alleen voor boeren, ook voor anderen geldt dat natuurbeelden flexibel zijn, ook binnen een en dezelfde mens (zie ook Eder, 1996; Macnaghten & Urry, 1998). Burgers kunnen ongerepte natuur prefereren, maar doen dat slechts onder bepaalde omstandigheden. Wanneer die wildernis allerlei ongecontroleerde trekjes gaat vertonen, dan vervallen we al gauw in een arcadisch of misschien wel functioneel natuurbeeld.

Ook uit belevingsonderzoek blijkt dat de meeste mensen een ambivalente houding hebben ten opzichte van de natuur. Aan de ene kant is er het ontzag voor de verpletterende schoonheid, met name als mensen praten over buitenlandse natuur, de Rocky Mountains, de Amazone of de Himalaya. Maar diezelfde mensen genieten ook van boerennatuur wanneer ze op zondag gaan fietsen of wandelen in het Hollandse buitengebied. En aan de andere kant is er angst voor de natuur: niemand blijft graag 's nachts alleen in een bos en we hebben allemaal een hekel aan muggen. Grootschalige inventarisaties van mensenwensen met betrekking tot natuur komen hiermee in een ander licht te staan. De vraag is hoe die natuurbeelden tot stand komen en wat zij betekenen.

In het algemeen beschouwen mensen een fenomeen, in dit geval de natuur, vanuit een specifiek perspectief, *frame* of referentiekader (Te Velde et al., 2002). Het referentiekader is een sociologische concept dat ons helpt de contextualiteit van percepties - in dit geval van natuur - beter te begrijpen. Ten behoeve van een adequate analyse onderscheiden we verschillende aspecten aan een referentiekader:

- waarden en normen,wat vindt men echt belangrijk, wat zijn de streefbeelden en welke gedragsregels horen daar bij;
- belangen, economische belangen, maar ook sociale belangen (bijvoorbeeld het hebben en houden van een gewenste identiteit op een bepaald moment) en emotionele belangen;
- overtuigingen, opvattingen over hoe dingen nu eenmaal zijn, veelal impliciete veronderstellingen en aannames; en
- kennis, gebaseerd op verhalen, beelden, associaties en (re)constructies van informatie.

Deze aspecten hangen doorgaans nauw met elkaar samen omdat mensen streven naar een zekere consonantie. We hangen niet graag waarden aan die onze belangen in de weg zitten en andersom. Als dat het geval is passen we een van beide aan. In de sociale psychologie vormen de strategieën die mensen - veelal onbewust - toepassen om cognitieve dissonantie te voorkomen al lange tijd een belangrijk issue (Festinger, 1964). Een veel gebruikte strategie is bijvoorbeeld het zodanig selecteren, (re)construeren en contextualiseren van informatie, dat deze klopt bij wat we doen en vinden. De manier waarop mensen omgaan met informatie is, kortom, zeer flexibel. Voor de, op het eerste gezicht, meest harde argumenten bestaan altijd, als men wil, verzachtende omstandigheden of tegenargumenten. In die zin stellen argumenten weinig voor, tenzij mensen er naar op zoek zijn.

Wanneer mensen op een bepaald moment in een discussie een natuurbeeld naar voren brengen, dan moeten we onszelf afvragen wat daaraan ten grondslag ligt. Waar is dat natuurbeeld een uitdrukking van? Welke waarden, belangen, overtuigingen, angsten, risicopercepties hangen ermee samen? Daar moeten we naar op zoek. Aldus geven natuurbeelden aanknopingspunten om andere zaken bespreekbaar te maken. In discussies ten behoeve van beleidsvorming en -uitvoering van het natuurbeleid zou het vooral moeten gaan om onderliggende waarden en belangen die mogelijk in het geding zijn. Hier ligt een belangrijk aanknopingspunt voor het organiseren van betrokkenheid bij een bepaald beleidsveld: inventariseer wat de angsten, onzekerheden en vermeende risico's zijn van mensen, wanneer een bepaald issue naar voren wordt geschoven en verbindt die aan intenties en gedragingen. Maar daarmee zijn we er nog niet.

Mensen zijn namelijk lang niet altijd even eenduidig in de manier waarop zij zich presenteren noch in hetgeen zij, meer of minder expliciet, naar voren brengen. Daarover gaat de volgende paragraaf.

3. Van boeren en burgers, identiteiten, intenties en gedragingen

Betrokkenheid bij de natuur wordt door burgers via uiteenlopende gedragingen tot uitdrukking gebracht. Sommige mensen wandelen of fietsen graag in het buitengebied en tonen op die manier een zekere betrokkenheid bij de natuur. Anderen, zoals agrariërs, boswachters of rietdekkers, verdienen in de natuur hun brood en verkeren er dus dagelijks. Weer anderen zijn lid van een natuurorganisatie. Betrokkenheid bij de natuur is misschien wel een voorwaarde, maar leidt nog niet vanzelfsprekend tot medeverantwoordelijkheid. We kunnen genieten van een boswandeling, ons daarbij één voelen met de natuur, maar het bos tegelijkertijd schade berokkenen door bijvoor-beeld - meer of minder bewust - onze bijdrage te leveren aan de enorme berg zwerfafval. Laten we het verband tussen betrokken-heid, intenties en gedragingen nader beschouwen met de bedoeling meer zicht te krijgen op het fenomeen medeverantwoordelijkheid.

Over het algemeen geldt dat wat mensen zeggen weinig hoeft te betekenen voor wat zij doen. We vinden een gifvrij milieu zeer belang-rijk, maar gooien onze batterijen niet zelden gewoon in de vuilnisbak, zoals we ook de auto nauwelijks een dag kunnen laten staan, al is het maar om even naar de dichtstbijzijnde supermarkt te gaan. Wie de literatuur op dit gebied bekijkt, krijgt soms de indruk dat gedrag zelfs een van de minder waarschijnlijke uitkomsten van een bijbehorende attitude is (Van Woerkum & Aarts, 2003).

Een deel van de verklaring voor deze opvallende dissonantie kunnen we vinden in het verschil in niveau waarop mensen enerzijds als burgers en anderzijds als consumenten opereren. Burgers stellen zaken op een hoger aggregatieniveau aan de orde: dat van een groep of een samenleving. Als consument acteren ze op een veel lager niveau, dat van het individu of van de leefeenheid. We herkennen hier de theorie van sociale dilemma's: mensen willen misschien best, vanwege het collectieve doel, pro-sociaal handelen, maar doen dat niet wanneer ze niet zeker weten dat anderen dit ook doen.

Een andere verklaring kan betrekking hebben op het verschil in domein waarin uitspraken worden gedaan. Als burgers spreken we ons uit in het domein van waarden en normen, hoe belangrijk natuur is en wat er daarom mee zou moeten gebeuren. Als consumenten of als boeren reageren we meer vanuit belangen, waar we zelf voordeel of nadeel van menen te ondervinden. Dan zijn er logischerwijze andere zaken aan de orde, zoals kosten en lasten (van muggen, ganzen of overwaaiende distels), zaken die het waardeoordeel aanzienlijk kunnen bijstellen of verdringen.

Nog een verklaring ligt in de specifieke aard van het thema dat aan de orde is. Allemaal zijn we in principe voor meer natuur. Waarom niet? Het gaat hier om een kwestie die, zeker in niet nader gedefinieerde vorm, vrijwel uitsluitend positieve associaties oproept (Aarts & Te Molder, 1998). Wanneer men het oneens is moet men behoorlijke inspanning verrichten om een dergelijk onconventioneel standpunt te verdedigen. Daarmee kunnen gevoelens van verlegenheid worden opgeroepen, die men even zo gemakkelijk kan vermijden.

Ook kunnen we een verklaring zoeken, niet bij mensen in hun rol van burger, maar die van de consument. Die wil zich misschien wel medeverantwoordelijk voelen, maar vraagt zich wellicht af hoe daaraan vorm te geven. Wat wordt verwacht? Welke handelingsperspectieven worden geboden? Het betalen van natuurbelasting? Bijdragen aan vrijwillig landschapsbeheer? Niet meer de natuur in gaan, of juist wel? Het voorgestelde beleid ondersteunen, maar hoe dan? Kortom, medeverantwoordelijkheid, maar waartoe, waarheen en hoe?

Al met al kunnen we niet om het inzicht heen dat mensen zichzelf presenteren in een bepaalde identiteit, al naar gelang de context en de doelen die zij binnen een specifieke context nastreven. Die identiteiten zijn niet bepaald beperkt tot die van burger of consument. Men is jong of oud, man of vrouw, met vakantie of niet, etcetera. We zijn qua identiteit gefragmenteerd en zetten in gesprekken actief een bepaalde identiteit neer om daarmee iets te bereiken (Potter, 1996; Te Molder, 1999, Van Woerkum & Aarts, 2003). Aldus maken de natuurbeelden die mensen op een bepaald moment naar voren schuiven deel uit van hun (gewenste) identiteit op een bepaald moment.

Het gaat er hier niet om mensen - in hun rol van burgers, dan wel die van consumenten - te veroordelen als onbetrouwbare en onverantwoordelijke wezens. Het gaat hier om het erkennen van de ambiguïteit, de meerduidigheid en de complexiteit van de samenleving die de context vormt voor het ontwikkelen en uitvoeren van natuurbeleid en waar mensen met evenzoveel ambiguïteit en meerduidigheid op reageren. Vanuit dit inzicht kunnen we begrijpen waarom de overheid, ondanks de vele typologieën en indelingen van natuur(streef)beelden die bij elkaar zijn gebracht in stapels rapporten en beleidsnota's, toch niet in staat is om tegemoet te komen aan de wensen van mensen. Wat mensen zeggen geeft geen enkele garantie voor wat zij uiteindelijk doen. Wanneer mensen consistent zouden zijn in woorden en daden, ook al liggen die uiteen, dan zou men, om de kloof te dichten, nog kunnen denken over het inzetten van een uitgekiende mix van beleidsinstrumenten ten behoeve van gedrags-verandering. Maar mensen zijn verre van consistent, niet in woorden en ook niet in hun gedrag, zeker niet als het om natuur gaat. Om die reden kan wat mensen zeggen, noch wat zij doen, richtinggevend zijn voor het natuurbeleid van de overheid.

Als we dan praten over medeverantwoordelijkheid voor natuur en natuurbeleid, dan is het zinvoller de aandacht te richten op de overheid en de wijze waarop deze haar verantwoordelijkheid neemt, alsook voorwaarden schept om die te delen. Daar moeten de belang-rijkste aanknopingspunten worden gezocht voor het ontwikkelen van richtlijnen voor een effectieve vormgeving van medeverantwoorde-lijkheid van burgers.

4. Verantwoordelijkheid van de overheid: enkele kanttekeningen

Inmiddels is er een vervolg verschenen op het Natuurbeleidsplan in de vorm van de beleidsnota *Natuur voor mensen, mensen voor natuur* (hierna NvMMvN) (Ministerie van LNV, 2000). Met 'natuur voor mensen' wordt bedoeld dat natuur moet aansluiten bij de wensen van mensen en goed bereikbaar, toegankelijk en bruikbaar moet zijn. 'Mensen voor natuur' houdt in dat natuur door mensen beschermd, beheerd, bewerkt en ontwikkeld wordt. Hoe grillig en 'vrij' de natuur ook is: de natuur kan niet zonder de zorg van mensen, zo wordt in de nota verondersteld. Het begrip 'natuur' wordt breed opgevat; het is de natuur van voordeur tot Waddenzee. Hiermee wordt aangesloten bij de beleving van de meeste mensen, voor wie het onderscheid tussen natuur, biodiversiteit, bos en landschap betrekkelijk is.

Naast deze tegemoetkoming aan mensenwensen wordt in de nota nadrukkelijk gesteld dat de overheid een belangrijke verantwoordelijkheid heeft bij de bescherming en versterking van natuur. Erkend wordt dat natuur en landschap schaarse collectieve goederen zijn die een maatschappelijk belang vertegenwoordigen. Voor het waarborgen van de belangen van natuur en landschap is actief overheidsoptreden dan ook noodzakelijk (zie ook Asbeek Brusse, 2002). Ook om deze reden is het belangrijk te weten hoe de (mede)verantwoordelijkheid van de overheid nader kan worden geduid. Hier kunnen we een tweetal kanttekeningen plaatsen.

In de eerste plaats leidt al te veel aandacht voor natuurwensen van mensen tot het gevaar van afschuiven van verantwoordelijkheden. 'U vraagt, wij draaien' lijkt nu het motto dat moet leiden tot het zo begeerde draagvlak voor natuur en natuurbeleid. Intussen rijst de vraag: draagvlak waarheen, waartoe? Hoewel verwezen wordt naar het belang van 'heldere kaders van bovenaf' wordt in de nota NvMMvN nergens duidelijk wat die kaders dan precies zijn. Kortom, het lijkt de overheid vooralsnog te ontbreken, ofwel aan duidelijke, richtinggevende kaders, ofwel aan het lef dan wel de middelen om bestaande kaders, zoals bijvoorbeeld een Ecologische Hoofdstructuur (EHS) zou kunnen zijn, op te leggen. Vooralsnog is ook de EHS een voortdurend onderwerp van onderhandeling, niet in de laatste plaats omdat de realisering geregeld wordt vertraagd vanwege geldgebrek. We zouden de EHS ook kunnen afblazen om er een ander, wellicht realistischer streefbeeld voor in de plaats te stellen. Te denken valt aan het beeld van 'Nederland Attractiepark' waarbij het uitgangspunt is dat Nederland één verstedelijkt geheel is dat zo aantrekkelijk en zo leefbaar mogelijk moet worden ingericht. Hoe het ook zij, een helder kader is wenselijk.

In de tweede plaats kunnen we ons afvragen of en in hoeverre de zorg van natuur en landschap gecombineerd kan blijven worden met voedselproductie. In ieder geval is het duidelijk dat, zolang binnen het landbouwbeleid de verbredingsoptie geen duurzame strategie is, de zorg voor natuur en landschap steeds op zichzelf zal moeten worden geproblematiseerd (Smeets, 2002, p. 150). Vooralsnog lijkt de overheid te hinken op twee gedachten: enerzijds probeert zij met name boeren zover te krijgen dat zij zorg dragen voor natuur en landschap, anderzijds moeten boeren maximaal blijven produceren om hun hoofd boven water te houden. Slechts enkelen zijn in staat deze haast onmogelijke taken te combineren. Natuur en landschap lijken hier het kind van de rekening, temeer omdat het beleid in hoge mate uitgaat van vrijwillige medewerking (zie ook Smeets, 2002). Ook hier geldt dat de financiële paragraaf feitelijk nog geschreven moet worden. Een discussie zou moeten worden gevoerd over waarden en belangen die de centrale overheid met het oog op de natuur nastreeft en hoe die zich verhouden tot andere waarden en normen, inclusief die van andere overheden.

5. Naar een passend kader voor beleid en onderzoek

In dit essay heb ik een aantal inzichten en gedachten naar voren gebracht die hebben geresulteerd in een kritische reflectie op mogelijkheden voor medeverantwoordelijkheid van burgers voor natuur en natuurbeleid. Bij wijze van samenvatting zal ik tot slot een vijftal voorwaarden formuleren voor het organiseren van medeverantwoordelijkheid.

In de eerste plaats is het noodzakelijk dat mensen op de een of andere wijze betrokken zijn of geraken. Daartoe moeten zij de gelegenheid krijgen om hun wensen, angsten, onzekerheden en risicobelevingen met betrekking tot natuur en natuurbeleid tot uitdrukking te kunnen brengen, zonder dat meteen al op het niveau van concrete maatregelen wordt gepraat (Aarts & Van Woerkum, 2002). Publieke debatten, in al hun veelvormigheid, bieden hier mogelijkheden. Interacties en onderhandelingen over concrete maatregelen en wat die betekenen voor bepaalde groepen mensen dienen plaats te vinden in een andere, meer specifieke context.

Vervolgens is het belangrijk helder te hebben wat precies met medeverantwoordelijkheid wordt bedoeld. Wat wordt van welke burgers op een bepaald moment verwacht, en waarom?

Medeverantwoordelijkheid moet, ten derde, op de een of andere manier worden gefaciliteerd. Op cruciale momenten moeten bronnen beschikbaar komen, hetzij in de vorm van geld of andere materiële bronnen, hetzij in de vorm van ondersteunende regelgeving. Het ontwikkelen en bewaken van heldere kaders behoort hier ook toe.

Het realiseren van medeverantwoordelijkheid wordt echter niet gegarandeerd met kaders en middelen alleen, een passende mate van medezeggenschap is eveneens noodzakelijk. Mensen raken gemotiveerd en betrokken wanneer hun meningen er toe doen en wanneer hun inspanningen effect sorteren. Hier geldt het belang van het bieden of ontwikkelen van een duidelijk handelingsperspectief. Als we praten over medeverantwoordelijkheid, dan moet ook duidelijk zijn waar men precies op kan worden afgerekend.

Een vijfde en laatste aandachtspunt betreft het onderzoek. De vraag of aan bovengenoemde voorwaarden wordt voldaan, dan wel hoe in specifieke gevallen voorwaarden vertaald kunnen worden naar richtlijnen voor concreet handelen zal mede moeten worden beantwoord middels begeleidend sociaal-wetenschappelijk onderzoek. Het gaat hier immers steeds om de mate waarin en de wijze waarop mensen bepaalde zaken inschatten of ervaren en de betekenis daarvan voor hun handelen. Meer concreet moeten we op zoek naar waarden, belangen, overtuigingen, kennis en risicopercepties van relevante actoren met betrekking tot natuur en natuurbeleid en de wijze waarop die samenhangen met de manier waarop deze mensen omgaan met de natuur. Ook is de vraag van belang hoe in het kader van interactieve beleidsvorming met betrekking tot natuur wordt omgegaan met het verdelen van verantwoordelijkheden, het bepalen van doelstellingen en het duiden van de rol van de overheid. Ten slotte vormt de rol van kennis een belangrijk aandachtspunt. Niet alleen wetenschappelijke kennis speelt hier een rol, ook aan wat men lokale kennis, ervaringskennis of impliciete kennis noemt wordt in toenemende mate waarde gehecht. De vraag is dan hoe mensen in discussies en onderhandelingen over natuur refereren aan verschillende typen kennis en wat dat betekent voor de besluitvorming.

6. Besluit

De loop van de natuur is niet te voorspellen. Bestaande evenwichten worden steeds verstoord, nieuwe evenwichten trachten zich te ontwikkelen. Evenzogoed geldt dit voor het verloop van beleidsprocessen. Op het moment dat nationaal beleid moet worden geoperationaliseerd naar het regionale niveau, komen nieuwe actoren in beeld met deels afwijkende belangen, probleempercepties en mogelijkheden tot sturing. Beleidsprocessen krijgen daarmee het karakter van voortdurende onderhandelingsprocessen waarmee het formele onderscheid tussen beleidsontwikkeling en -uitvoering komt te vervallen.

Verandering is de normale gang van zaken. Om die reden moeten we alert blijven en niet ophouden te investeren in de relatie tussen mensen en de natuur. Omwille van de mensen, omwille van de natuur.

Literatuur

Aarts, M.N.C. & C.M.J. van Woerkum (1994). *Wat heet natuur? De communicatie tussen overheid en boeren over natuur en natuurbeleid.* Wageningen: Wageningen Universiteit, Communicatie en Innovatie Studies.

Aarts, N. & H. te Molder (1998). *Natuurontwikkeling: waarom en hoe? Een discourse-analytische studie van een debat.* Den Haag: Rathenau Instituut.

Aarts, N. & C. van Woerkum (2002). Omgaan met onzekerheden in interactieve beleidsprocessen. In: *Tijdschrift voor Sociaal-wetenschappelijk onderzoek van de Landbouw (TSL),* 17, 2, pp. 91-103.

Asbeek Brusse, W. (2002). De uitbreiding van de Europese Unie: dilemma's en kansen. In: Asbeek Brusse, W., J. Bouma en R.T. Griffiths (red.). *De toekomst van het Europees gemeenschappelijk landbouwbeleid. Actuele vraagstukken en perspectieven voor Nederland.* Utrecht: Lemma: pp. 35-46.

Eder, K.(1996). *The Social Construction of Nature; a Sociology of Ecological Enlightment.* London: Sage Publications.

Festinger, L. (1964). *Conflict, decision and dissonance.* Stanford: [s.n].

Frouws, J. (1993). *Mest en Macht: een politiek-sociologische studie naar belangenbehartiging en beleidsvorming inzake de mestproblematiek in Nederland vanaf 1970.* Wageningen: Proefschrift Landbouwuniversiteit.

Keulartz, J, S. Swart & H. van der Windt (2000). *Natuurbeelden en natuurbeleid. Theoretische en empirische verkenningen.* Den Haag: NWO, Ethiek en Beleid.

Macnaghten, P. & J. Urry (1998). *Contested Natures.* London: Sage Publications.

Ministerie van LNV (2000). *Natuur voor mensen, mensen voor natuur. Nota natuur, bos en landschap in de 21ᵉ eeuw.* Den Haag: Ministerie van Landbouw, Natuurbeheer en Visserij.

Natuurbeleidsplan (1990). Regeringsbeslissing. Den Haag: SDU Uitgeverij.

Natuurbeschermingsraad (1993). *Natuur tussen de oren: natuur- en landschapsbeelden en hun rol bij de ontwikkeling en vormgeving van beleid.* Natuurbeschermingsraad, Utrecht.

Potter, J. (1996). *Representing Reality: Discourse, rhetoric and social construction*. London: Sage.

Smeets, P. (2002). Landbouw in de Noordwest-Europese Deltametropool. In: Asbeek Brusse, W., J. Bouma & R.J. Griffiths (red.). *De toekomst van het Europees gemeenschappelijk landbouwbeleid. Actuele vraagstukken en perspectieven voor Nederland.* Utrecht: Lemma: 141-155.

Te Molder, H.F.M. (1999). Discourse of dilemma's: an analysis of communication planners'action. *British Journal of Social Psychology*, 38, pp. 245-263.

Te Velde, H., N. Aarts & C. van Woerkum (2002). Dealing with ambivalence: farmers'and consumers'perceptions of animal welfare in livestock breeding. *Journal of Agricultural and Environmental Ethics*, 15, 2, pp. 203-219.

Van Woerkum, C. & N. Aarts (2003). *Wat burgers zeggen en consumenten doen*. Wageningen: Wgeningen Universiteit, Leerstoelgroep Communicatiemanagement: interne notitie.

Volker, C.M., V. Bezemer, R. Kranendonk & E. Verbij (2000). *Mensenwensen en de inrichting van natuurbeleid*. Wageningen: Alterra: reeks Operatie Boomhut, nr 12.

Zweers, W. (1995). *Participeren aan de natuur. Ontwerp voor een ecologisering van het wereldbeeld*. Utrecht: Uitgeverij Jan van Arkel.

6. Bestuurskundige kijk op verantwoordelijkheid voor natuur

Marleen Buizer

De natuur moet dichter bij de mensen. Althans, het natuur*beleid*, want de natuur is dat al lang. Onderzoek toont herhaaldelijk aan dat natuur hoog scoort op de prioriteitenlijstjes van individuele burgers. Misschien wel doordat 'de' natuur niet bestaat. Dat is er nu juist het mooie aan: iedereen heeft er een eigen beeld bij, geeft er andere betekenis aan, vertaalt die op een andere manier in handelen. De één voert actie tegen het kappen van een boom in de straat, de ander helpt in vrije tijd met het knotten van wilgen. Weer een ander doneert jaarlijks aan het Wereldnatuurfonds vanwege de bescherming van de oerang oetan, een vierde wordt lid van één van de terreinbeherende organisaties om iets te doen voor de natuur in Nederland.

Beleid voor de natuur is de afgelopen jaren verbreed. De mens verscheen als inhoudelijke factor van betekenis op het toneel van het natuurbeleid. De nota *Natuur voor mensen, mensen voor natuur* (hierna NvMMvN) (Ministerie van LNV, 2000) getuigt daarvan. De beleidsaandacht ging gepaard met onderzoeksvragen zoals welke natuur mensen wensen en of er daarbij ook verschillen bestaan tussen bevolkingsgroepen (Van den Berg, 2000; Filius et al., 2000; Jókövi, 2001). De mens verscheen naast inhoudelijke factor ook als instrumentele factor op het natuurbeleidstoneel. Op de lokale, regionale en nationale podia wordt hij medeverantwoordelijk gemaakt voor het succes van de performance. 'Medeverantwoordelijkheid', wat betekent dat in dit verband?

Ondanks de nobele, veel breder bedoelde pleidooien in nota's wordt het in de beleidspraktijk vaak verengd tot de wens om burgers en bedrijven mee te laten betalen aan natuurbeleid. Het paradigma van het marktdenken vindt zo, onder de noemer van medeverantwoordelijkheid, een stevige plek in het debat over natuur en natuurbeleid. De souffleur fluistert: vraag-aanbod, vraag-aanbod.

In dit essay wil ik het hebben over medeverantwoordelijkheid bij natuurbeleid in brede zin. Medeverantwoordelijkheid verwijst hier niet naar de vraag op welke manier burgers en bedrijven ingezet kunnen worden (verantwoordelijkheid wordt *gegeven*) om het (rijks-) overheidsbeleid te *realiseren/financieren*, maar naar de vraag of en hoe verschillende actoren in de gelegenheid worden gesteld om vanuit een eigen visie/beleid verantwoordelijkheid te *nemen* voor natuurwaarden zoals ze die zelf definiëren.

Medeverantwoordelijkheid wordt in algemene zin wel bepleit, maar wordt in de praktijk beperkt tot de uitvoeringsfase van het beleidsproces. Het krijgt zelden aan de voorkant van de beleidsvorming gestalte. In dit essay ga ik eerst dieper in op het begrip 'medeverantwoordelijkheid' en breng het in verband met een modernistische en een postmoderne sturingsopvatting. Daarbij leg ik een relatie met de tegenwoordig vaak bepleitte 'ruimte voor verschil', dat wil zeggen de ruimte die geboden wordt om verschillende beleidsopties te bespreken en uit te werken. Vervolgens beschrijf ik hoe in twee van de voorgelegde voorbeelden inhoud is gegeven aan medeverantwoordelijkheid en ruimte voor verschil. Daardoor komen drie sturingsdilemma's aan het licht, die ik vervolgens kort behandel. Ik sluit het essay af met enkele suggesties voor onderzoek.

1. Medeverantwoordelijkheid en ruimte voor verschil

Grof gezegd zijn er twee sturingsopvattingen te onderscheiden die beïnvloeden hoe medeverantwoordelijkheid wordt bekeken. (Ik ga in dit essay niet verder in op het debat over moderniteit en postmoderniteit en posities daarin zoals reflexieve modernisering.)

In de *modernistische sturingsopvatting* is de overheid de spin in het web, in dit geval van het natuurbeleid. Op centraal niveau worden afspraken gemaakt over doelstellingen, tijdslimieten en instrumentarium om de wetenschappelijk onderbouwde doelen te bereiken. Het is een hiërarchische opvatting waarbij medeverantwoordelijkheid ingevuld wordt in termen van verantwoordelijkheid voor de implementatie van beleid, ook wel 'doorwerking' genoemd. In tijden van bezuinigingen ging dat gepaard met pogingen om ook financiële verantwoordelijkheid over te hevelen. Daarvan is sinds enkele jaren duidelijk weer sprake.

In de *postmoderne sturingsopvatting* heeft die 'medeverantwoordelijkheid' een andere klank gekregen: in de netwerksamenleving vindt beleid op verschillende plekken een oorsprong, is sprake van 'publiek-private arrangementen' en worden steeds vaker pleidooien gevoerd voor *interactieve beleidsvorming*. Medeverantwoordelijkheid is dan niet slechts het sluitstuk van het beleidsproces in de vorm van het leveren van een bijdrage aan de uitvoering, maar startpunt van de samenwerking tussen verschillende partijen, waarbij partijen hun eigen invulling kunnen geven aan plannen en beleid. In deze opvatting bestaat ruimte voor verschil en voor een eigen betekenisgeving van betrokkenen.

Teisman (1997) pleit bijvoorbeeld voor variëteit en verrijking van voorstellen door middel van interactie:

"De traditionele sturing die uitsluitend gebaseerd is op de logica van consequent handelen biedt weinig soelaas. Er wordt gezocht naar vormen van innovatie die de logica van interactief handelen verdisconteren" (p. 39). En even verder: "De uitdaging voor het toekomstig management is om oplossingen te realiseren, die aansluiten bij een variëteit aan preferenties" (p. 43).

Op vergelijkbare wijze pleiten Dörner, van Woerkum en Aarts voor het toelaten van verschil:

"We moeten zoeken naar een ander model van planning, dat uitgaat van de realiteit: grote verschillen in perspectieven op problemen en oplossingen. De onzekerheden die daardoor ontstaan kunnen we niet reduceren door nog preciezer te plannen want dit levert volgens Dörner alleen nog maar meer onzekerheid op, mogelijk leidend tot nog meer behoefte aan controle, een spiraal die uiteindelijk alleen maar tot malaise leidt en tot de onmogelijkheid om zelfs nog maar een besluit te nemen (Dörner, 1996, p. 164). Het rationele planningsmodel moet daartoe gerelativeerd worden" (Woerkum & Aarts 2002, pp. 22-23).

Op zijn beurt laken Herngreen et al. (2002) zienswijzen die pas hun doel bereiken als andere zienswijzen aan de kant geschoven zijn en ze er in geslaagd zijn 'alle neuzen dezelfde richting op krijgen'.

Het is een redelijk willekeurige greep uit de literatuur. Hoe dan ook, verschil is 'in'. Healy heeft het in dit verband treffend over de *celebration of difference* (Healy, 1997, p. 42). Ik zou aan dit pleidooi voor verschil de stelling willen toevoegen dat ruimte laten voor verschil een randvoorwaarde is voor een vorm van medeverantwoordelijkheid die méér is dan het sluitstuk van een beleidsproces. Terwijl bij deze laatste optie maatschappelijke actoren worden gezien als uitvoerders van door overheden vastgesteld beleid, worden zij bij een serieuzere opvatting van medeverantwoordelijkheid gezien als volwaardige deelnemers bij het formuleren van beleid. Medeverantwoordelijkheid en ruimte voor verschil zijn in deze visie de twee kanten van dezelfde munt. Ruimte voor verschil betekent dat meerdere visies, ideeën of beleidsopties, ook aan het begin van een beleidsproces, serieus worden overwogen. Er is, met andere woorden, sprake van 'insluiting': door het toelaten en stimuleren van verschillende visies kunnen verschillende actoren meedoen op het natuurbeleidstoneel. Om in de metaforen te blijven: het wordt een 'open podium' dat niet alleen voor de professionals toegankelijk is. Hoe vertaalt het pleidooi voor medeverantwoordelijkheid en verschil zich nu in daadwerkelijk veranderde handelingspraktijken? Met die vraag in het achterhoofd bekijk ik enkele voorbeelden en destilleer ik uiteindelijk drie dilemma's.

2. Voorbeelden

Grutto
Het beleid voor de grutto: was daar sprake van medeverantwoordelijkheid? In de eerste plaats roept de verheffing van de grutto tot nationale supersoort vraagtekens op. Er zijn situaties denkbaar waar een geringe teruggang van de grutto gepaard kan gaan met grote vooruitgang van andere natuurwaarden. Deze situatie doet zich bijvoorbeeld voor in de Polder van Biesland (Van den Top et al., 2003), waar sprake is van een zeer hoge dichtheid grutto's. Dit heeft waarschijnlijk te maken met de snelle verstedelijking in het omliggende landschap, waardoor de vogels zich terugtrekken in het laatste weidelandschap van de omgeving. De natuurgerichte bedrijfsvoering in de Polder van Biesland houdt in dat er in de toekomst geen mest en voer van buiten het bedrijf worden aangevoerd. Dit brengt een grote verbetering van de natuurlijke omstandigheden met zich mee, en het betekent ook dat op een klein gedeelte van het land akkerbouwgewassen geteeld zullen gaan worden. De hoeveelheid grutto's zou daardoor kunnen verminderen, terwijl in andere opzichten de natuur erop vooruit gaat. De vraag die naar aanleiding van dit voorbeeld

opkomt, is waarom de grutto als vlaggeschip is gekozen en niet een lokaal gekozen soort of thema?

In het gruttovoorbeeld creëert de overheid de financiële mogelijkheden voor agrarisch natuurbeheer. De overheid deelt haar verantwoordelijk voor natuur met boeren en vrijwilligers, die de gruttonesten beschermen en daarvoor een vergoeding ontvangen. De natuurbeschermingsorganisaties, daarbij ondersteund door onderzoekers uit Wageningen, vragen zich af of dit wel goed is: zij pleiten ervoor de grond in eigendom te krijgen zodat zij hetzij zelf, hetzij via boeren, de gruttonesten kunnen beschermen.

Het gruttovoorbeeld is illustratief voor een situatie die nog veel voorkomt: boeren en natuurbeschermers zijn elkaars tegenstanders. Van medeverantwoordelijkheid komt zo slechts in beperkte mate iets terecht. Sterker nog: een grotere verantwoordelijkheid voor de één kan betekenen dat de ander verantwoordelijkheid wordt ontnomen. Ik zal dat in het hiernavolgende toelichten, waarbij ik wel eerst wil opmerken dat er her en der sprake is van constructieve pogingen tot samenwerking die niet over hoofd moeten worden gezien.

In het algemeen winden de natuurbeschermingsorganisaties (daarin financieel bijgestaan door de overheid die grond opkoopt van boeren en in beheer geeft bij de natuurbeschermingsorganisatie) en de onderzoekers er net als in het gruttovoorbeeld geen doekjes om: zij vinden dat de natuur beter af is als die in handen is van de natuurbeschermingsorganisaties. De 'kwaliteit van de natuur' is er volgens hen niet bij gebaat als de grond in handen van boeren blijft. Hier is een paradigma zichtbaar dat de afgelopen jaren stevige institutionele ankers heeft gekregen in de vorm van aankoopdoelstellingen voor de Ecologische Hoofdstructuur (EHS), te realiseren 'groenopgaven' in het kader van de Randstadgroenstructuur, zoekhectares als compensatie voor VINEX en infrastructurele werken, of in de vorm van extra taakstellingen in het kader van bijvoorbeeld *Groen in en om de Stad* (GIOS) en NvMMvN. 'Groen' wordt in dit kader opgevat met niet-agrarisch, 'groen realiseren' is in dit kader haast synoniem geworden aan 'hectares realiseren'. Je zou als leek kunnen denken dat het hier gaat om de ontginning van nieuw land in zee, maar er wordt mee bedoeld dat grond onteigend wordt van boeren en overgedragen aan één van de terreinbeherende organisaties.

De coalitie van beleid en onderzoek omarmden het paradigma van kwaliteit van de natuur, geobjectiveerd in natuurdoeltypen, en het onteigeningsinstrument dat ermee gepaard ging zonder noemenswaardige kritiek (uiteraard waren er uitzonderingen). De discussie concentreerde zich op de ecologische kwaliteit van de natuur, en ging niet over de in- en uitsluiting die het bij-effect van het paradigma was. Zonder verder op de kwalificatie 'hoogwaardig groen' in te gaan, meldt de nota NvMMvN:

"Naast bovenstaand intensivering geldt de inzet om woningbouw en de bouw van bedrijventerreinen te combineren met de gelijktijdige aanleg van nieuw groen in de directe nabijheid van de stad en het realiseren van goede fiets- en wandelverbindingen van de bebouwde kom naar het groen. Vooralsnog wordt op basis van het doortrekken van de huidige taakstellingen uitgegaan van 10.000 hectare functiewijzigingen ten behoeve van hoogwaardig groen voor de periode 2010 - 2020" (Ministerie van LNV, 2000, p. 49).

De optie om met de reeds in het gebied aanwezige actoren te bekijken hoe en welk 'hoogwaardig groen' tot stand gebracht kan worden wordt hiermee bij voorbaat uitgesloten. De discussie over verweving of scheiding van functies is al oud, maar met de keuze voor functiewijziging wordt de verwevingsoptie impliciet afgewezen.

Soms wordt het instrument 'hectares realiseren' en daarmee impliciet ook onteigening, tot doel verheven, zonder het natuurbeeld en het daarmee verbonden motief nog te bediscussiëren met betrokkenen uit een gebied. De trits 'groenopgave/natuurontwikkeling' - hectares realiseren - boeren weg of onteigenen, zit als het ware automatisch ingebakken in de hoofden van de verantwoordelijken. De consequenties van de functiewijziging voor de maatschappelijke structuur en voor de betrokkenheid bij natuur en landschap wordt niet gevoerd, of vond in een geheel andere context plaats.

Dat het nodig is natuurbeelden en motieven te problematiseren, blijkt uit het volgende voorbeeld. Een terreinbeherende organisatie wilde grond ruilen met een boer omdat de grond (van de boer) belangrijke natuurwaarden vertegenwoordigde (het ging om een slikgebied). De betrokken boer was hier echter geen voorstander van. Hij zag het slikgebied als zijn 'PR-element'. In de sterk stedelijke omgeving was hij er namelijk op gericht de perspectieven voor zijn bedrijf te versterken door zich op de stedeling te richten. Met dezelfde ecologische resultaten voor ogen, maar met verschillende motieven, vonden beide partijen het slikgebied dus van belang.

Een belangrijke bestuurskundige vraag is hier of koppeling van één natuurbeeld dat verbonden is met beleidsmatig vastgestelde en wetenschappelijk onderbouwde natuurdoelen, aan één soort institutionele partij (in dit geval natuurbeschermingsorganisaties) de kansen op medeverantwoordelijkheid niet aanzienlijk verkleint. Blijkens het voorbeeld kunnen er meerdere motieven in het geding zijn, maar die spelen in de discussie over de betrokkenheid van verschillende actoren bij natuurbeleid zelden een rol. Er is sprake van uitsluiting, maar ook dat wordt zelden geproblematiseerd.

In relatie tot het gruttovoorbeeld is het onderscheid dat in Nederland wordt gemaakt tussen EHS, beheergebieden (gebieden waar pakketten kunnen worden afgesloten voor agrarisch natuurbeheer of voor particulier natuurbeheer) en de overige gebieden nog interessant (markant genoeg ook wel 'witte gebieden' genoemd). Er is al veel over geschreven. De eerste vraag die vaak gesteld wordt als mensen een initiatief nemen voor natuur- of landschapsontwikkeling is: valt het gebied onder een rijkscategorie? Want niet zozeer de aard van het initiatief, maar de vraag of het gebied 'aangewezen is als bijzonder gebied' bepaalt of er ruimte is voor mede-financiering. Op zichzelf is, met name vanuit ecologisch oogpunt, prioritering van gebieden begrijpelijk, maar als dat het enige criterium wordt om initiatieven te ondersteunen is de vraag in hoeverre het pleidooi voor medeverantwoordelijkheid ècht serieus te nemen is. Maatschappelijke betrokkenheid zou dan als volwaardig criterium een belangrijker rol moeten spelen dan het nu doet.

Bovengenoemde spanningsvelden (tussen het toepassen van alleen ecologische criteria en het toevoegen van maatschappelijke criteria, en tussen de behoefte aan controle en de wens om ruimte te laten aan regiospecifieke verschillen) zullen de komende jaren beter moeten worden onderzocht, temeer omdat de invloed van het Europese beleid nog zal toenemen en de behoefte aan controle in een onzekere wereld (risicomaatschappij) zal groeien. Tegelijkertijd zal ook de roep om interactieve beleidsvorming, waarin maatschappelijke actoren hun eigen verantwoordelijkheid nemen voor formulering, uitvoering en evaluatie van beleidsdoelen, blijven klinken. Ook dat zal van invloed zijn op de richting van het onderzoek.

Blauwe Stad

Ook in het voorbeeld Blauwe Stad is de spanning tussen de behoefte aan verantwoordelijkheid vanuit het gebied en de beperkte ruimte die het sectorale rijksbeleid daarvoor biedt aan de orde. Vanuit het gebied koos men voor een integrale aanpak waarbij natuur, wonen en recreatie met elkaar werden gecombineerd. Het sectoraal geformuleerde beleid van de rijksoverheid vormde daarvoor echter een belemmering. Het volgende citaat spreekt boekdelen:

> "Ik vind het wel een gemiste kans dat de invulling van de EHS zo sectoraal plaatsvindt. Gechargeerd: hek eromheen en wegblijven, want anders is het geen echte natuur. Er is veel discussie, ook binnen de provincie, maar de regels zijn nu eenmaal zo en scheiding van functies is overzichtelijker dan verweving. Wij willen natuur wèl combineren met wonen en recreatie. Een integrale ontwikkeling die uitgaat van het gebied zelf en niet van een abstract natuurbegrip als EHS" (Abrahamse & Webbink, 1999).

Vergelijkbaar met het gruttovoorbeeld is ook bij de Blauwe Stad sprake van een institutionele omgeving die maar moeilijk in kan spelen op de integrale ambities vanuit een gebied. Beleid voor de natuur is er puur voor de natuur. Op zichzelf zijn de natuurdoeltypen een begrijpelijke uiting behoefte aan meetbaarheid van beleidsinspanningen voor de natuur. Evenzo is de EHS is een begrijpelijke uiting van de behoefte van mensen die de natuur (in de vorm van 'biodiversiteit en natuurdoeltypen') langzaam naar de marges van Nederland zagen verdwijnen. Ze waren een wetenschappelijk goed beargumenteerde respons op snelle verstedelijking, vervuiling in de landbouw en versnippering door de aanleg van infrastructuur. Dat het 'abstracte natuurbegrip als de EHS' (zie het citaat hierboven) een integrale aanpak van nieuwe woon-/recreatie-/natuurgebieden belemmert, was niet de bedoeling van de bedenkers van de EHS. De processen die schuil gaan achter de institutionele vormgeving zijn vergelijkbaar met de grutto-casus en krijgen tot dusverre onvoldoende aandacht in beleid en onderzoek.

3. Drie dilemma's

Algemeen concluderend blijkt uit het bovenstaande dat medeverantwoordelijkheid voor natuur in deze voorbeelden een heel specifieke invulling krijgt, die vaak juist niet leidt tot een grotere betrokkenheid. Er is eerder sprake van een modernistische dan van een postmoderne sturingsfilosofie. Dit onderscheid wordt concreet in drie dilemma's:
- Deskundologisch versus appellerend
- Generiek-sectoraal versus specifiek-integraal
- Kwantitatief-instrumenterend versus inspirerend

Van ieder begrippenpaar hoort het eerste kenmerk bij de modernistische sturingsopvatting, en het tweede bij de postmoderne sturingsopvatting. Het eerste kenmerk leidt steeds tot weinig ruimte voor verschil, het tweede is daar juist op gericht. Je zou ook kunnen zeggen: het eerste kenmerk leidt vaak tot geslotenheid (uitsluiting) terwijl het tweede leidt tot openheid (insluiting). Deze dilemma's zullen mijns inziens in het onderzoek van de toekomst een grotere rol moeten gaan spelen.

Deskundologisch versus appellerend
Het eerste dilemma ontleen ik aan de analyse van Kunneman (1996) van de zorg- en welzijnssector. Het huidige natuurbeleid is sterk deskundologisch ingevuld. Een wetenschappelijk onderbouwd stelsel van natuurdoeltypen en beheerspakketten, samengevat in een lijvig 'handboek natuurdoeltypen', ligt eraan ten grondslag. Er wordt gestuurd op tamelijk precieze uitkomsten in vastgestelde gebieden.
   Er wordt regelmatig kritiek geuit op deze modelmatige/ deskundologische manier van denken: de natuur zou de natuur niet zijn als zij zich liet insnoeren in een keurslijf van vooraf bedachte einduitkomsten. Dientengevolge zou, aldus de critici, eerder gestuurd moeten worden op de herkenning van condities, en niet zozeer op einddoelen. Hoewel deze kritiek op te vatten is als een intern-deskundologische kritiek, is het ook relevant in relatie tot medeverantwoordelijkheid. Sturen op precieze, beleidsmatig bedachte einduitkomsten appelleert niet aan het menselijk vermogen om zelf, aan de hand van eigen ervaring en kennis van de omstandigheden, ambities te formuleren. Zo stimuleert het sturen op 'aantallen gruttonesten'

niet tot het onderzoeken van andere, ecologisch verantwoorde, opties. Er ontstaat eerder een 'afrekeningscultuur' die onverwachte successen of moeilijk te verklaren resultaten niet waardeert.

In de pilotprojecten 'Boeren voor Natuur' wordt gestuurd op condities. De visie 'Boeren voor Natuur' richt zich op een duurzame invulling van het landelijk gebied, door boeren een grotere rol te geven in het beheer van natuur en landschap. Er worden drie bedrijfstypen onderscheiden: grootschalig, landschapsgericht en natuurgericht. Op het grootschalige bedrijf gelden de huidige regels voor de goede landbouwpraktijk. Op het landschapsgerichte bedrijf zijn de landschapselementen een belangrijke kwaliteitsbepalende factor. Voor maximaal 10% van de bedrijfsoppervlakte kan de boer er een deel van zijn inkomen mee verdienen. De lokatie kiest de boer zelf. De natuurgerichte bedrijfsvorm gaat het verst. Naast land-schapselementen worden op de cultuurgronden soortenrijke gras-landen en akkers gestimuleerd door een sterke extensivering van het landgebruik,doordat er geen ruwvoer, krachtvoer en mest van buiten het bedrijf meer worden aangevoerd. Het deelinkomen uit de groene diensten op het landschapsgerichte en het natuurgerichte bedrijf komt voor uit het rendement van een regionaal fonds. Ook dit draagt bij aan het delen van verantwoordelijkheid tussen verschillende partijen (Van den Top et al., 2003, pp. 8-9).

De ervaringen tot nu toe leren dat een (vergaande) randvoor-waarde zoals het niet meer aanvoeren van mest en voer, stimuleerde tot veel creativiteit om binnen die randvoorwaarde zoveel mogelijk (ecologisch en economisch) rendement te behalen. De einduitkomst wordt dan niet van tevoren vastgesteld, maar is het spannende gevolg van de eigen keuze. Ten slotte is de waardering van de natuur-kwaliteiten in het huidige beleid eenzijdig op basis van zeldzaamheid gebaseerd. Ook daarmee wordt een kans op grotere medeverant-woordelijkheid gemist. Een interactieve aanpak waarbij bijvoorbeeld vrijwilligers van natuurclubs, andere burgers en boeren méébeslissen over de manier waarop zij in hun gebied de natuur- én andere kwaliteiten willen monitoren, kan wél leiden tot een grotere betrok-kenheid, en draagt de kiem van medeverantwoordelijkheid in zich.

Generiek-sectoraal versus specifiek-integraal
Dit dilemma verwijst naar de behoefte om te uniformeren, om de 'ruimte voor verschil' te minimaliseren tot generiek controleerbare

maatstaven. In de eerder gepresenteerde voorbeelden komt dit spanningsveld helder naar voren bij de beschrijving van de initiatieven van agrarisch natuurverenigingen om zelf zinvol gruttobeleid te maken. Dit wordt problematisch op het moment dat er een universeel toepasbaar controlesysteem moet worden bedacht. De behoefte aan controle is op zich begrijpelijk. Er worden immers schaarse publieke middelen aan besteed. De context waarin tot gebiedsspecifieke besluiten wordt gekomen wordt echter letterlijk en figuurlijk buiten gesloten als verschillen die daaruit voortvloeien niet worden gehonoreerd of zelfs tegen gehouden. Het nodigt nauwelijks uit tot een argumentatieve aanpak, die de laatste jaren eveneens wordt bepleit door diverse wetenschappers (zie, bijvoorbeeld, Fisher & Forester, 1993; Hajer & Wagenaar, 2003 en, voor een pleidooi voor een verbreding van het debat, Van Koppen 2002, p. 230).

Er zijn wel voorbeelden van pogingen om via het creëren van meer ruimte in de regelgeving te komen tot betere, gebiedsspecifieke resultaten. Een goed voorbeeld zijn de Stad en Milieuprojecten waarin 25 steden via de Experimentenwet flexibeler mochten omgaan met de milieuwetgeving. In iedere stad kon men zo op interactieve wijze de afweging maken welke milieunorm eventueel moest worden overtreden om op een ander front een stap voorwaarts te maken. Hoewel er ook kritiek is op deze benadering, wordt het zo mogelijk op de specifieke situatie toegespitste resultaten te boeken zonder dat de sectorale regelgeving de voortgang dwarsboomt. Het is wellicht denkbaar dat ook in relatie tot natuurbeleid een dergelijke aanpak tot grotere resultaten leidt. De zogenaamde 'ruime jas benadering', ook wel 'vliegende hectares' genoemd, waarbij ook buiten de vastgelegde EHS natuur kan worden ontwikkeld door inzet van het Programma Beheer, is een eerste stap richting een minder strak aangesnoerd keurslijf.

De tegenovergestelde evenknie van deze beleidsverruiming, namelijk de realisatie van natuurdoelen door boeren binnen de EHS, ontmoet meer weerstand. Ook deze optie biedt ruimte voor gebiedsafhankelijke handelingswijzen. Afhankelijk van de aanwezige actoren, hun motieven, kennis en handelingsbereidheid kan gekozen worden voor beheer door boeren, burgers of terreinbeheerders. Niet één partij wordt vooraf uitgesloten - waardoor medeverantwoordelijk werkelijk gestalte kan krijgen.

Kwantitatief-instrumenterend versus inspirerend

Hoewel niet per definitie aan elkaar tegenovergesteld lopen de kwantitatief-instrumentele en de inspirerende eigenschappen van een bestuurs- en beleidsstijl elkaar regelmatig voor de voeten. De discussies over beleidsinstrumentarium ten aanzien van natuur gaan meestal over de regels die ervoor moeten zorgen dat de natuur sterker wordt. Vaak zijn ze nogal kwantitatief van karakter, denk bijvoorbeeld aan de vele pogingen om financiële middelen te onttrekken aan rode functies, ten gunste van groen.

Recentelijk is ten aanzien van het GIOS een kwantitatieve analyse gemaakt van 'groentekorten'. Het resultaat was een vlekkenkaart - de rode vlekken geven aan waar de tekorten het grootst zijn. In het onderzoek zijn algemene indicatoren voor de aanwezigheid van groen gebruikt, zoals het aantal hectares bos. De uitkomsten van het onderzoek worden gebruikt in presentaties van het ministerie van LNV, maar ook bijvoorbeeld van de ANWB, om aan te tonen waar geïnvesteerd zou moeten worden in groen. De kwantitatieve maatstaven zijn instrumenteel aan het pleidooi van beleidsmakers om in te zetten op 'groen', meestal in de concurrentie met sectoren die niet met 'groen' verbonden worden, zoals landbouw, recreatie en wonen.

Regelmatig is al geprobeerd om natuurwaarden te vertalen in economische termen. De gedachte is dat die stap een gelijkwaardige afweging tussen 'rode en groene doelen' mogelijk maakt, en dat natuurwaarden daardoor sterker uit de verf zullen komen. Voor al deze instrumentele oplossingen wordt de waarde van natuur geobjectiveerd. Het proces van betekenisgeving en de acties die actoren op basis van die betekenisverlening willen ondernemen zijn echter uiterst subjectief. Er zijn daarin veel verschillen. Dat staat op gespannen voet met de instrumenten die de betekenis van natuur juist verengen tot een streefwaarde, een aantal hectares, of een andere kwantitatieve beoordeling. Een inspirerende bestuurs- en beleidsstijl is niet per definitie strijdig hiermee, maar in de praktijk slechts zelden te vinden. Zeker vanuit de politiek wordt tegenwoordig meer de nadruk gelegd op instrumentarium dan op de kracht van een idee of de ideologie.

4. Lessen voor onderzoek en beleid

Wat betekenen bovenstaande voorbeelden en dilemma's nu voor de praktijk van onderzoek en beleid? In de eerste plaats maakt het duidelijk dat er allerlei aannames *achter* beleid en onderzoek schuilen die ervoor zorgen dat 'medeverantwoordelijkheid' niet vanzelfsprekend uit het beleid voortvloeit. Medeverantwoordelijkheid betekent in de eerste plaats dat mensen vanuit een eigen betekenisgeving moeten kunnen bijdragen aan een maatschappelijk vraagstuk. Er moet dus ruimte zijn voor verschil. Daar wordt weliswaar veelvuldig voor gepleit, maar in de praktijk is de modernistische sturingsopvatting overheersend.

Een nieuwe sturingsopvatting die ruimte geeft aan een grotere betrokkenheid van actoren vraagt een andere opstelling van beleid én onderzoek. In beide werelden wordt nog te vaak vanuit een eigen achtergrond gedacht dat men de wijsheid in pacht heeft. Een grondige zelfanalyse, waarin de eigen denkkaders en paradigma's kritisch worden onderzocht en uitgewisseld, is daarom wenselijk. Vervolgens kan een beoordeling worden gemaakt van de gevolgen daarvan voor processen van uit- en insluiting. De gruttocasus laat in ieder geval zien dat beleid wat dit punt betreft niet neutraal is. Waarschijnlijk is volmaakte neutraliteit overigens niet mogelijk, maar het zichtbaar maken van in- en uitsluitingsprocessen kan verhelderen waarom beleidsdoelen zoals 'meer gedeelde verantwoordelijkheid voor natuur' niet zonder slag of stoot in praktijk worden gebracht. Het maatschappijwetenschappelijk onderzoek naar betekenisgeving, paradigma's, en naar processen van in- en uitsluiting kan hier nog een flinke hand bij helpen. Dit onderzoek kan uiteindelijk ook bijdragen aan het in praktijk brengen van de transformatie van een modernistische naar een postmoderne sturingsfilosofie.

Literatuur

Berg, A.E. van den (1999). *Individual differences in the aesthetic evaluation of natural landscapes*. Groningen: Proefschrift Rijksuniversiteit Groningen.
Filius, P., Buijs, A.E & Goossen, C.M. (2000). *Natuurbeleving door doelgroepen: waarden en wensen van jagers, sportvissers, vogelwerkgroepleden en vrijwilligers in het landschapsbeheer.* Wageningen: Alterra-rapport 104.

Fisher, F. & J. Forester (1993). *The Argumentative Turn in Policy Analysis and Planning*. Durham: Duke University Press.

Hajer, M.A. & H. Wagenaar (2003). *Deliberative policy analysis; Understanding governance in the network society.* Cambridge: Cambridge University Press.

Healy, P. (1997). *Collaborative planning; Shaping places in fragmented societies.* Hampshire: MacMillan Press.

Herngreen, R., H. Harsema, H. Post & M. Ettema (2002). *De 8ᵉ transformatie; Over planning en regionale identiteit.* Wageningen: Blauwe Kamer.

Jókövi, E.M. (2001). *Vrijetijdsbesteding van allochtonen en autochtonen in de openbare ruimte : een onderzoek naar de relatie met sociaal-economische en etnisch-culturele kenmerken.* Wageningen: Alterra-rapport 295.

Koppen, C.S.A. van (2002). *Echte natuur; Een sociaaltheoretisch onderzoek naar natuurwaardering en natuurbescherming in de moderne samenleving.* Wageningen: Proefschrift Wageningen Universiteit.

Kunneman, H. (1996). *Van theemutscultuur naar walkman-ego; Contouren van postmoderne individualiteit.* Amsterdam/Meppel: Boom.

Ministerie van LNV (2000). *Natuur voor mensen, mensen voor natuur. Nota natuur, bos en landschap in de 21ᵉ eeuw.* Den Haag: Ministerie van Landbouw, Natuurbeheer en Visserij.

Teisman, G.R. (1997). *Sturen op creatieve processen: een innovatie-planologisch perspectief op ruimtelijke investeringsopgaven.* Nijmegen: Inaugurele rede Katholieke Universiteit Nijmegen.

Top, I.M. van den, A.H.F. Stortelder, T. Ekamper, J. Kruit, R. Kwak, R. Schrijver & C. de Vries (2003). *Boeren voor Natuur in de Polder van Biesland.* Wageningen: Alterra-rapport 770.

Woerkum, C.M.J. van & M.N.C. Aarts (2002). *Wat maakt het verschil?* Den Haag: Innovatie Netwerk Groene Ruimte en Agrocluster.

7. Sociologische kijk op verantwoordelijkheid voor natuur

Hans Dagevos en Koen Breedveld

> There is a high tension between private goals relating to status and access to resources and common goals relating to the group's success in its particular ecological setting.
> Frans de Waal, *Good natured: The origins of right and wrong in humans and other animals*. Cambridge: Harvard University Press, 1996, p. 206.

De disciplinaire invalshoek van dit essay is de sociologische. De aan ons gestelde vraag om sociologisch te reflecteren op verantwoordelijkheid voor natuur in de hedendaagse context, zullen we op een drieledige wijze beantwoorden. In de eerste plaats wordt ingegaan op verantwoordelijkheid als moderne notie (paragrafen 1 en 2). We kijken naar het begrip verantwoordelijkheid, dat kennelijk toebehoort aan de geïndividualiseerde postmoderne samenleving, terwijl het evengoed refereert aan een (onderhuidse) hunkering naar een verwoest Arcadië. In de tweede plaats gaan we in op verantwoordelijkheid 'geoperationaliseerd' in termen van bestedingen in tijd en geld (paragrafen 3 en 4). In het sociologisch redeneren vormen tijd en geld twee concrete factoren die van invloed zijn op de mate waarin mensen hun geuite verantwoordelijkheid concretiseren in daadwerkelijk handelen. Ten derde plaatsen we verantwoordelijkheid in de sociale context om te benadrukken dat de verantwoordelijkheid die mensen wensen te dragen mede afhankelijk is van de keuzes die anderen maken (paragrafen 5 en 6). De benadering van verantwoordelijkheid is hier conceptueel en verkennend van karakter en heeft als doel erop te wijzen dat verantwoordelijkheid en afhankelijkheid nauw met elkaar verbonden zijn. In de afsluitende paragraaf 7 maken we de balans op en doen in het verlengde hiervan enkele suggesties ten behoeve van de voortzetting van de discussie over de identificatie van kansen en knelpunten ten aanzien van particuliere verantwoordelijkheid voor natuur.

1. Verantwoordelijkheid als politiek onvermogen

Verantwoordelijkheid nemen en dragen zijn woorden die vandaag de dag vaak en door velen in de mond worden genomen. Het is *salon-fähig* om het over eigen verantwoordelijkheid te hebben. Of het nu gaat om de keuze al dan niet te werken, vervroegd te pensioneren of te investeren in scholing (*employability*), leidraad in het politieke denken van de afgelopen decennia is dat het hier zaken betreft die tot de individuele beslissingsmacht worden gerekend. Hoe lang men werkt, of men al dan niet spaart om vroegtijdig met pensioen te gaan en hoeveel men investeert in zijn eigen kennis, de burger mag het zelf uitmaken. Het moderne individu is zelf heel goed in staat zijn eigen keuzes te maken en heeft geen overheid meer nodig die hem zaken voorschrijft.

Economisch berust die *laissez-faire* visie op de relatie tussen staat en individu op een harde economische noodzaak. De overheid ontbeert eenvoudigweg de financiële middelen om zich op te werpen als centrale speler in het veld, als suikeroom. Cultureel is de ideologie van de eigen verantwoordelijkheid onlosmakelijk verbonden met het individualisme, dat stelt dat de toenemende mondigheid en verschei-denheid onder de bevolking zich slecht verhoudt tot een vorm van aanbodsturing. Moderne burgers zijn gewend hun zegje te doen en verschillen onderling te veel om zich een eenheidsworst te laten voorschrijven. Politiek vertaalt het eigen verantwoordelijkheids-denken zich in de propagandering van een 'meerkeuzemaatschappij' (Breedveld & Van den Broek, 2003) waarin politici zich voor geen andere keuze gesteld zien dan hun economische en ideologische onvermogen als vraag- of zelfsturing en decentralisatie te verkopen.

De afgelopen decennia zijn op verschillende terreinen de gevolgen te zien geweest van deze veranderende relatie tussen burger en overheid. Diverse overheidsinstellingen zijn onder de 'tucht van de markt' geplaatst. Soms leidde dit tot een grotere keuzeruimte voor consumenten en een grotere gevoeligheid voor de verlangens en behoeften van gebruikers bij de betreffende aanbieders. In andere gevallen - het openbaar vervoer, de kabelnetwerken - blijven dergelijke voordelen uit, overwegend vanwege het ontbreken van serieuze marktwerking. Toenemende ondoorzichtigheid en machtsmisbruik zijn er het gevolg van. Niet zelden betekent het benadrukken van de individuele verantwoordelijkheid, zoals bij ziektekosten, sparen voor verlofregelingen, investeren in onderwijs, kinderopvang, vut- en pensioenregelingen, dat zich in het gebruik van genoemde voorzieningen grotere maatschappelijke ongelijkheden voordoen, vooral naar inkomen en onderwijsniveau.

2. Verantwoordelijkheid als sociaal cement

Er bestaat tegelijkertijd een tweede wijze waarop gesproken wordt over verantwoordelijkheid. Dan staat verantwoordelijkheid niet in het licht van de individuele vrijgevochtenheid en liberale verworvenheden, maar vormt verantwoordelijkheid een onderdeel van de (kritische) reactie op het wereldbeeld van de uiteengevallen samenleving van individualisten waarin 'het ieder voor zich' regeert. Verantwoordelijkheid is een pijler onder het uiting geven aan de onvrede over de veranderende verhouding tussen burger en overheid en de verwaarlozing van het publieke domein ten gunste van doorgeschoten particuliere vrijheden en rechten. De bijbehorende boodschap is dat lijdzaamheid geen passende reactie is op de tomeloze versplintering en vrijblijvendheid met alle anomisering van de samenleving en het verlies van sociale cohesie van dien.

Naar voorbeeld van de al vroeg geliberaliseerde Angelsaksische cultuur ontstaan nieuwe instituties die het vacuüm trachten op te vullen dat is achtergelaten door de terugtredende overheid. Deels gaat het daarbij om nieuwe vrijwillige associaties, zoals de Bond tegen Zinloos Geweld of een politieke beweging als Leefbaar Nederland, deels ook om commerciële organisaties, zoals verzekeringsmaatschappijen of de campagne 'Nederland Schoon' van de verpakkingsindustrie. Kortom, vanuit commerciële overwegingen dan wel vanuit een onbehagen over de geïndividualiseerde, ontzuilde en geëmancipeerde samenleving, ontstaan nieuwe initiatieven die zijn bedoeld om de teloorgang van de maatschappij als gemeenschap (*Gemeinschaft*) een halt toe te roepen en nieuwe vormen van verbondenheid te bewerkstelligen (*Gesellschaft*).

Verantwoordelijkheid is hier geen private aangelegenheid, maar een gezamenlijke. Zogoed als verantwoordelijkheid opgevat als 'eigen verantwoordelijkheid', die ieder voor zich mag én moet nemen, bij de geïndividualiseerde samenleving past, zo sluit verantwoordelijkheid opgevat als sociaal cement, aan bij de netwerksamenleving.

Interdependentie voert hier de boventoon in plaats van individualisering. Het goede woordje dat nu voor verantwoordelijkheid wordt gedaan, legt het accent op verantwoordelijkheid dat bijeen brengt, samenbindt, verenigt.

Het is niet moeilijk om te zien dat deze 'interdependente' opvatting van verantwoordelijkheid haaks staat op de 'individualistische' opvatting van verantwoordelijkheid. Je verantwoordelijkheid nemen door voor jezelf op te komen en voor jezelf te kiezen op basis van het belang dat gesteld wordt in assertiviteit en zelfontplooiing, zijn evenwel belangrijke culturele en persoonlijke verworvenheden in de hedendaagse geïndividualiseerde maatschappij. De verantwoordelijkheidsopvatting heeft het sociale gezicht verloren omwille van het onafhankelijkheidsstreven dat domineert. Verantwoordelijkheid betreft verplichtingen tegenover jezelf en het is bijgevolg onverantwoordelijk om hierop ('voor je gevoel') in te leveren. Vanuit het netwerkperspectief geredeneerd zijn de kwalificaties juist tegenovergesteld. Een onafhankelijke opstelling is onverantwoordelijk omdat persoonlijke belangen een belangrijker gewicht in de schaal leggen dan andermans belangen. Dit werkt asociaal denken en doen in de hand en maakt een deugd van wat feitelijk niets anders is dan het ontlopen of negeren van verantwoordelijkheid in de 'ware' zin van het woord. Ook als dergelijke grondgedachten worden aangehangen, is het geen *sinecure* noch een automatisme dat overeenkomstige daden bij het woord worden gevoegd. Tussen droom en daad, staan praktische bezwaren... Over dit laatste hebben we het kort in de volgende twee paragrafen.

3. (Geen) tijd voor verantwoordelijkheid

De zojuist geschetste opvattingen over verantwoordelijkheid leggen weliswaar een verschillend accent op welk belang (individueel of collectief) voorop staat, ze erkennen beide dat verantwoordelijkheid vereist dat het belang ergens van wordt erkend. Als belangen in het geding zijn motiveert dat nu eenmaal om in actie te komen. Dat geldt zowel voor de burger die hecht aan zijn inkomenspositie of diens door de Betuwelijn bedreigde achtertuin, als voor de commerciële organisatie die in het bekende gat in de markt springt (in de verwachting daar wat aan te kunnen verdienen).

De thematiek van medeverantwoordelijkheid voor natuur van de zijde van leken, roept de vraag op welke belang mensen toekennen aan de natuur. Hoe belangrijk is natuur - in haar vele verschijnings-vormen - eigenlijk voor mensen? In een recent proefschrift, met een voor dit essay relevante inhoud, zijn optimistische woorden te vinden:

> "Natuur laat de meesten niet koud. Het overgrote deel van de mensen in onze samenleving is betrokken bij natuur: ze zoeken regelmatig natuur op, genieten ervan en hechten waarde aan het behoud van natuur (...) veruit de meesten beamen dat natuur voor ons belangrijk is, en kwetsbaar, en daarom bescherming nodig heeft." (Van Koppen, 2002, p. 14).

Klaarblijkelijk is de aandacht en interesse voor 'natuur' aanzienlijk. In die zin althans dat we een groene leefomgeving van waarde achten. Van waarde achten is echter nog niet hetzelfde als daar ook tijd of geld in investeren. Tijd en/of geld spenderen aan natuur en natuurbehoud vatten we in deze en de volgende paragraaf op als indicatoren voor het nemen van verantwoordelijkheid voor natuur. Tijdsinvesteringen slaan we hierbij nadrukkelijker hoger aan dan gelddonaties als er gesproken wordt over het nemen van verantwoordelijkheid.

De waardering die mensen hebben voor natuur is een vereiste, een noodzakelijke voorwaarde, om te komen tot het daadwerkelijk nemen van verantwoordelijkheid. Een is-gelijk teken tussen waardering en verantwoordelijkheid zou correct zijn als belangstelling en waardering voor natuur een voldoende voorwaarde impliceren. In de maat-schappelijke praktijk vinden we vele voorbeelden van het feit dat het handelen van mensen niet altijd gelijke tred houdt met hun denken of de uitspraken die ze doen. Mensen zeggen bijvoorbeeld dat het welzijn van dieren hen aan het hart gaat om vervolgens het scharrel-vlees in de winkel links te laten liggen (zie Dagevos & Sterrenberg, 2003). Al jaren noemen Nederlanders bijvoorbeeld het gezin, hun vrienden en kennissen en hun vrije tijd als zaken die men hoog in het vaandel heeft staan (Van den Broek et al., 1999). Binnen de vrije tijd geldt daarbij televisie kijken als een activiteit waaraan men het minste geluk ontleent (Breedveld & Van den Broek, 2002). De werkelijkheid van alledag is er echter een waarin steeds minder tijd wordt besteed aan contact met vrienden en kennissen (9,5 uur in 1975 tegen 8,6 uur in 2000) en aan 'vrije tijd' (47,9 uur in 1975 en 44,8 uur in 2000), en waarin de televisie onverminderd de vrijetijdsvorm is waar de meeste uren aan worden besteed (12,4 uur in 2000, tegen 3,9 uur lezen, 1,5 uur vrijwilligerswerk en 1,8 uur sport en bewegen) (Breedveld & Van den Broek, 2001).

Zelfs het hooggewaarde gezinsleven staat in toenemende mate onder druk (van 4,0 uur naar 2,4 uur). De realiteit van vandaag de dag is er vooral een waarin meer moet worden gewerkt (+4,6 uur tussen 1975 en 2000, van 14,8 uur naar 19,4 uur) en waarin meer en meer mensen hun betaalde baan combineren met verantwoordelijkheden voor huishouden en gezin (gold in 1975 voor 20% van de 20-64 jarigen, tegen 47% in 2000) (Breedveld & Van den Broek, 2001). De gevolgen van deze 'gemobiliseerde samenleving' (Elchardus, 1996) zijn niet zozeer dat Nederland afstevent op een ware 24-uurseconomie, waarin doordraaiende burgers dag en nacht in touw zijn met betaald werk. Vooralsnog wordt het leeuwendeel van het betaalde werk doordeweeks en overdag verricht. Wel is het zo dat een steeds groter deel van het onbetaalde werk verschoven wordt naar de avonden en weekeinden (in 1975 gold dat voor 39% van het onbetaalde werk, in 2000 voor 46%) (Breedveld & Van den Broek, 2001).

Gelegenheid om er in de weekeinden rustig op uit te trekken worden daarmee eerder minder dan meer. Enerzijds legt dit druk op de vrije tijd, in de zin dat er minder vrije uren overblijven. Anderzijds wordt ook binnen de vrije tijd de druk steeds groter. Met de opmars van de 'vrijetijdsindustrie' (Mommaas, 2000) is het aanbod aan vrijetijdsvoorzieningen de afgelopen decennia danig gegroeid. Dat geldt zowel voor het aantal musea, het aantal sportfaciliteiten, het aantal films en boeken dat verschijnt, het aantal audio-visuele hulpmiddelen dat we in de vrije tijd kunnen gebruiken, als het aantal vakantiebestemmingen dat binnen het bereik van de moderne wereldburger ligt. Er kan uit steeds meer worden gekozen, en er is steeds minder tijd om die keuzes in concreet gedrag om te zetten. Daar komt bij dat de bestedingsruimte voor de vrije tijd de afgelopen decennia behoorlijk is toegenomen Tussen 1975 en 2000 werd 78% meer geld uitgegeven aan de vrije tijd (Breedveld & Van den Broek, 2001).

In vele opzichten valt er dus meer te kiezen en moet er meer gekozen worden. Want in de 'meerkeuzemaatschappij' draagt men niet alleen de verantwoordelijkheid voor zijn eigen inkomen en zijn employability, maar ook voor zijn identiteit. In een wereld waarin iedereen zijn eigen ding kan doen is er geen kerk, vakbond of staat meer waarachter men zich kan noch wil verschuilen. Zinvol invulling geven aan vrije tijd betekent in de postmoderniteit het opbouwen van een breed geschakeerd palet aan boeiende en onderhoudende vrije-tijdsactiviteiten, die toelichting kunnen geven op de persoon die men wenst te zijn en het netwerk waar men zich toe rekent. Het is die noodzaak om een identiteit op te bouwen in én door een vrije tijd die enerzijds steeds schaarser en anderzijds steeds gulziger wordt, die verklaart waarom mensen zich anno 2003 gejaagder voelen dan in de jaren zeventig en die de meerkeuzemaatschappij tot een veeleisende samenleving maakt (zie Breedveld & Van den Broek, 2002, 2003; Dagevos, 2003).

Duidelijk is dat de geïndividualiseerde mens een rol speelt op vele tonelen. Mensen voelen zich verantwoordelijk hun rol van goede vader of moeder evengoed te spelen als die van goede minnaar, werknemer, sporter, vriend(in), keukenprins(es) of cultuurgenieter, etcetera. Men wil veel van alles en alles van veel. De tijdsdruk om dit allemaal te realiseren is groot. Tijdschaarste maakt dat de concurrentie tussen allerlei kwaliteiten van het leven 'moordend' is. Hoe waarderend de bewoordingen ook zijn waarmee mensen over natuur spreken, tijd voor verantwoordelijkheid op het vlak van natuur(behoud) zal vaak genoeg niet of met moeite worden gevonden.

4. Actie- en offerbereidheid

Groene organisaties als Greenpeace en Natuurmonumenten hebben zich de afgelopen jaren kunnen wentelen in een toenemende stroom leden en donaties. In de jaren tachtig en negentig vervijfvoudigde het aantal leden/donateurs aan natuur- en milieuorganisaties: van 484.000 in 1980 naar 3.021.000 in 2000 (De Hart et al., 2002), WNF van 100.000 naar 800.000, Greenpeace van 18.000 naar 640.000, Natuurmonumenten van 260.000 naar 950.000 (zie SCP, 2002). De stijging onder het aantal leden/donateurs bij deze organisaties werd daarbij alleen overtroffen door stijgingen in (veel kleinere) organisaties rondom abortus/euthanasie (+669%, 200.000 leden in 2000). Meer traditionele organisaties groeiden ofwel aanzienlijk minder hard (bijvoorbeeld consumentenorganisaties +51%, internationale hulporganisaties +137%) of zagen hun ledental slinken (politieke partijen -25%).

Deze toestroom van leden en donaties hoeft geenszins te verbazen. Ze past in een normen- en waardenpatroon waarin veel belang wordt toegekend aan natuur en groen. In een maatschappij waarin een groeiende groep burgers *'time poor and money rich'* is, vormen donaties en lidmaatschappen daarbij de minst belastende vorm van steunbetuiging. Terwijl de tijdsbesteding aan vrijwilligerswerk de afgelopen decennia constant bleef of zelfs licht daalde, verdrievoudigden de opbrengsten van fondswerving door ideële organisaties (van ruim een half miljard gulden in 1980 naar ruim anderhalf miljard gulden in 2000 (zie De Hart, 2002).

Giro-activisme is echter te beschouwen als gesublimeerde verantwoordelijkheid. Mensen menen mogelijk hun verantwoordelijkheid genomen te hebben met het uitschrijven van een giro, maar kopen hun verantwoordelijkheid streng genomen af. Waar we feitelijk mee van doen hebben betitelen we eerder als 'aflaatgedrag' wanneer we van oordeel zijn dat de lakmoesproef voor verantwoordelijkheid niet schuilt in de hoeveelheid acceptgiro's die men invult, maar in de hoeveelheid tijd die men investeert. Verantwoordelijkheid vertalen met actiebereidheid in plaats van offerbereidheid laat een minder rooskleurig licht schijnen over de belangstelling voor natuur en recreatie.

In de jaren negentig daalde zowel het aandeel burgers dat, voor recreatieve doeleinden, gebruik maakt van beschermde natuurgebieden (van 40% naar 35%), van stadsparken (van 47% naar 41%), en van bos, heide of polderlandschap (van 72% naar 67%). Enkel het bezoek aan attractiepunten bleef in de jaren negentig op peil (56% in 1991, 57% in 1999). Onder de recreatieve natuurbezoekers zijn hoger opgeleide autochtonen bovendien zwaar oververtegenwoordigd (SCP, 2001). Dit roept onmiddellijk de vraag op hoe jongeren of allochtonen te interesseren zijn voor natuur. Om nog maar te zwijgen over hoe ze zijn aan te zetten om metterdaad actiebereidheid te ontwikkelen voor natuur via bijvoorbeeld vrijwilligerswerk. Jongeren en allochtonen behoren tot de minderheden als het gaat om mensen die niet alleen belangstellen in het *genieten* van natuur, maar zich ook verplicht voelen te *zorgen* voor natuur.

In het algemeen daalde tussen 1995 en 2000 de tijd die aan vrijwilligerswerk wordt besteed van 1,5 uur per week naar 1,2 uur per week (Breedveld & Van den Broek, 2001). Die daling komt geheel voor rekening van het feit dat minder mensen tijd investeren in vrijwilliggerswerk - de vrijwilligers die overblijven worden juist zwaarder belast. Analyses van onderzoekers van de Universiteit van Tilburg wijzen daarbij uit dat de groep vrijwilligers in toenemende mate uit ouderen bestaat. Bezorgd spreken de onderzoekers van het uitblijven van het wisselen van de wacht (Knulst & Van Eijck, 2002).

Een wereld waarin vrijwilligers traditioneel een grote rol hebben gespeeld vormt de sport. Het kloppend hart van de sport wordt nog altijd gevormd door de bijna 30.000 sportverenigingen die Nederland rijk is, en waar 4,8 miljoen mensen lid van zijn (Breedveld, 2003). Een vijfde daarvan is op enigerlei wijze betrokken bij de organisatie van het sportaanbod. Ook hier geldt echter dat dit aandeel eerder slinkt dan stijgt. Was in 1995 nog 12,7% van de bevolking actief in vrijwilligerswerk in de sport, in 2000 was dat gedaald tot 8,2% (Breedveld, 2003). Veel verenigingen - in 2001: 70% - hebben problemen om voldoende kader te vinden. Het moeilijkst is het mensen te vinden voor de meer structurele en verantwoordelijke taken, zoals zitting nemen in het bestuur of het coachen. Voor activiteiten met een meer ad hoc karakter, zoals het samenstellen van een clubblad, blijkt het nog wel mogelijk mensen te activeren.

De kaderproblemen bij de verenigingen hebben de sportwereld tot verschillende nieuwe inspanningen gestimuleerd. Dragend principe achter die inspanningen is professionalisering (NOC*NSF, 2002). Steun voor dit professionaliseringsproces probeert NOC*NSF onder andere te verwerven via enquêtes onder sporters. Hieruit blijkt dat 54% bereid is meer te betalen voor het lidmaatschap van de vereniging als daar ook meer diensten en een hogere kwaliteit tegenover zouden staan (NOC*NSF, 2003).

Professionalisering en 'commodificatie' van netwerken en relaties zijn echter niet alleen voorbehouden aan de wereld van de sport. In andere werelden - binnen de vrije tijd maar ook daarbuiten - zien we vergelijkbare processen waarbij men de rol van consument aanneemt (offerbereidheid) en steeds minder die van participant (actiebereid). Men beleeft graag, maar bedankt beleefd om te organiseren. Letterlijk dichtbij huis geldt dat bijvoorbeeld voor de zorg voor kinderen of anderen. In toenemende mate wordt deze zorg toevertrouwd aan formele organisaties en instellingen en in afnemende mate wordt deze ter hand genomen door ouders, buren of familieleden (SCP/CBS, 2002).

5. Het dilemma van de collectieve actie

In deze en de volgende paragraaf maken we de overgang van de praktijk van tijd en geld naar een meer conceptuele invalshoek. Onze kijk op verantwoordelijkheid werpt dan een blik op zulke sociologische noties als het dilemma van de gevangene en sociale waarde-oriëntaties.

Bij wijze van introductie laten we eerst ons oog gaan over de groene ruimte in ons vlakke land. Dan valt om te beginnen op dat niet alleen landbouw domicilie houdt op het platteland. Het land wordt multifunctioneel gebruikt, zoals het heet. Een andere samenvattende omschrijving is dat het buitengebied in toenemende mate transformeert van productiedomein naar consumptiedomein (zie, bijvoorbeeld, Mommaas, 2000; Metz, 2002). Wonen en recreatie tekenen hierbij in belangrijke mate de contouren van het landschap. Met deze overgang van weiland naar *wijland* (Dagevos et al., 2000) gaat een toenemende drukte en druk op de ruimte gepaard. De 'paradox van het platteland' die zich steeds nadrukkelijker manifesteert, is dat het massaal opzoeken van de ruimte, de rust en het groen, het steeds moeilijker maakt dat we die kwaliteiten ook vinden. We willen dolgraag een woning in het lommerrijke groen, maar de bebouwing die dit veroorzaakt maakt het steeds lastiger werkelijk buiten de bebouwde kom te wonen. We willen een mooie stek als we in onze vrije tijd naar bos of duin gaan, maar met de groter wordende drommen mensen die hetzelfde ambiëren, worden de mogelijkheden evenredig kleiner om het felbegeerde plekje te bemachtigen. Hoewel niet iedereen dit als een dilemma zal ervaren, gegeven het feit dat veel mensen naar plekken trekken die juist overbevolkt zijn, geldt ook voor hen datgene wat we maar willen aangegeven: dat de (on)haalbaarheid van onze eigen wensen afhankelijk is van het doen en laten van derden.

Hierover gaat het dilemma van de gevangene (prisoner's dilemma), dat in sociologentaal ook wel eenvoudig het sociale dilemma wordt genoemd of bekend staat als het dilemma van collectieve actie (De Swaan, 1996). Het betreft een dilemma dat tot de verbeelding spreekt. De populariteit van het boek *The evolution of co-operation* (Axelrod, 1990) heeft hier ongetwijfeld aan bijgedragen.

Om er een indruk van te krijgen, schetsen we het 'oerscenario' van het dilemma van de gevangene. Het begint met de arrestatie van twee medeplichtigen aan een misdaad. Beiden worden onafhankelijk van elkaar verhoord door een officier van justitie. Het dilemma waar de gevangenen voor komen te staan, is of ze hun misdaad tegenover de officier van justitie moeten ontkennen of bekennen. De situatie is hierbij als volgt: ze kunnen beiden bekennen en hopen op strafvermindering; ze kunnen beiden ontkennen zodat de officier hen beiden slechts kan veroordelen voor een minder belangrijk vergrijp, óf de één kan de ander erbij lappen waardoor de ander achter de tralies gaat en de één vrijuit. De regels van het spel zijn dat geen van de spelers weet wat de ander zal doen. Onderling overleg voeren is uitgesloten. Andermans handelen maakt zich slechts kenbaar via de uitslag. Het dilemma bestaat er dus uit wat te kiezen als je niet weet wat de keuze van de ander zijn zal, terwijl die keuze onmiddellijk van invloed is op het resultaat van de eigen keuze. De opties zijn samenwerken (zwijgen) en niet-samenwerken (doorslaan). De spelers weten dat wanneer de één kiest voor samenwerking en de ander deze keuze ook maakt, dat beide spelers dan het beste af zijn. Kiezen voor samenwerking brengt echter het gevaar met zich mee dat wanneer de ander zijn keuze laat vallen op niet-samenwerken, de coöperatieve speler het gelag betaalt doordat gevangenisstraf zijn deel is. En omdat geen van de spelers graag een spijtoptant wil worden, valt de keuze op de optie niet-samenwerken. Het zekere voor het onzekere wordt verkozen. Resultaat hiervan is dat de uitkomst voor het collectief (in dit geval: de twee spelers gezamenlijk) het slechtst is: doordat beiden elkaar verklikken, draaien ze allebei de gevangenis in (Axelrod, 1990, pp. 108-9; Hofstadter, 1988: 712).

We bepalen ons tot deze summiere beschrijving van het gevangenendilemma omdat deze volstaat om aan te geven dat de opbouw ervan is dat niet-samenwerken resulteert in individueel voordeel en samenwerken gepaard gaat met collectief voordeel. Dit basisstramien ondersteunt het rationele mensbeeld gericht op de realisatie van het directe en welbegrepen eigenbelang. Althans, zo lijkt het op het eerste gezicht. Een van de charmes van Axelrods boek is dat hij laat zien dat wanneer we ons meer realistische situaties voorstellen dan het zojuist geschetste oerscenario van het gevangenendilemma, dat samenwerking juist veel meer voor de hand ligt. Het blijkt bij nader inzien helemaal niet rationeel te zijn om puur en alleen voor jezelf te kiezen wanneer het situaties betreft dat je in de (nabije) toekomst met elkaar van doen blijft houden. Een strategie gericht op eigen voordeel is dan een kortetermijnpolitiek die zich - vroeg of laat - tegen je keert en het eigenbelang juist ondermijnt. Het perspectief wordt zodoende omgedraaid: door anderen te helpen, help je ook jezelf. Altruïsme wordt een aanmerkelijk rationelere keuze dan egoïsme. Elkaar uitdagen, dwingen of helpen om samen te werken is aanlokkelijker voor alle partijen vanuit collectief én individueel perspectief bezien. De relevantie van dit inzicht laat zich gemakkelijk illustreren met het beeld dat aan het begin van deze paragraaf voorbij is gekomen: iedereen wil rust en ruimte, maar we helpen onszelf en elkaar er niet aan, maar er juist vanaf. We zijn zodoende allemaal verliezers in het spel om rust en ruimte te winnen.

In het bestek van dit essay kunnen we geen op onderzoek gebaseerde bewijsvoering aandragen voor de wijze waarop en de mate waarin het dilemma van de gevangene behulpzaam is het vraagstuk van particuliere verantwoordelijkheid voor natuur inzichtelijk te maken. Onze bijdrage beperkt zich ertoe de aanbeveling te doen om in een vervolgstudie na te gaan hoe krachtig het sociale dilemmaconcept is, als het als zoeklicht wordt gebruikt voor onderzoek naar natuur en verantwoordelijkheid. De volgende paragraaf voert enige elementen aan die het hanteren van een dergelijke benadering verdere aanvulling kunnen geven.

6. Sociale waardeoriëntaties

Dat er méér is dan een conceptie van rationaliteit in termen van een primitief eigenbelang, sluit aan bij al degenen die bepleiten dat het menselijk doen en laten niet gereduceerd behoeft of behoort te worden tot het doelrationele handelen, om met een term van één van de aartsvaders van de sociologie, Max Weber, te spreken. De mens is niet alleen een *homo rationalis*.

Dat het rationele en het sociale handelen evenwel meer met elkaar van doen hebben dan een oppervlakkige interpretatie doet vermoeden, wordt ook bevestigd als onderzoekswerk naar handelingsoriëntaties van de laatste drie decennia wordt geïnventariseerd (Van Lange, 1997). Tot de dominerende sociale waardeoriëntaties die opdoemen behoren de individualistische ('rationele') en de prosociale oriëntatie. Het derde leidende beginsel van gedrag, bestempelt Van Lange als de competitieve oriëntatie.

Het platte eigenbelang dient als richtsnoer voor het individualistische gedragstype. Het eigen winstbejag staat voorop. Het gaat primair of exclusief om de maximalisatie van de eigen opbrengsten waarbij wat een ander bemachtigt bijzaak is - als hier überhaupt al oog voor is. De vraag die domineert is: wat krijg *ik*? De drijvende kracht achter het doen en laten van de aanhangers van de prosociale oriëntatie is het gezamenlijke belang. Er wordt waarde aan gehecht dat ook anderen profiteren van het sociale verkeer. De karakteristieke overweging voor deze coöperatieve waardeoriëntatie is: wat krijgen wij *samen*? De competitief georiënteerden bezien het eigenbelang in relatie tot de ander(en). Mensen met een competitieve instelling zijn - nog sterker dan bij de 'pro-zelforiëntatie' van de individualisten - eerst en vooral gericht op het inschatten van sociale situaties in termen van winnen en verliezen. Gedrag wordt gemotiveerd vanuit het maximaliseren van het eigen voordeel ten opzichte van de ander(en). De hamvraag voor competitieven is: wat krijg ik *méér* dan de ander(en)? Animositeit alom, kortom.

De individualistische, competitieve en collectivistische waardeoriëntaties zijn te combineren met de zojuist geschetste opties en uitkomsten van het gevangenendilemma. Het basispatroon dat Abram de Swaan (1996) hanteert is hierbij behulpzaam:

	Zij doen mee	Zij doen niet mee
Ik doe iets	*(1) Iets komt tot stand m.b.v. iedereen*	*(2) Mijn inspanningen leiden tot niets*
Ik doe niets	*(3) Iets komt tot stand zonder mij*	*(4) Er gebeurt niets*

Hanteren beide partijen een individualistische oriëntatie, dan gebeurt er niks (4). Zowel 'ik' als 'zij' kijken de kat uit de boom; niemand neemt initiatief of verantwoordelijkheid. Wanneer beide actoren een collectivistische waardeoriëntatie hebben prevaleert de gezamenlijke uitkomst en komt er iets tot stand waar iedereen aan bijdraagt (1). Allen leveren een aandeel aan de realisatie van het collectieve goed; allen nemen verantwoordelijkheid. Wordt het doen en laten van één van beide partijen gedirigeerd door competitieve drijfveren dan zijn de lasten en de lusten ongelijk verdeeld. Of 'ik' profiteert van de inspanningen die 'zij' zich getroost hebben zonder er zelf aan bij te dragen (3), of 'ik' spant zich in zonder dat 'zij' meedoen waardoor de inspanningen van 'ik' vruchteloos blijven (2). Is 'ik' in het eerste geval een *free rider* die meeprofiteert van andermans inspanningen waardoor 'ik' niet de lasten heeft maar wel de lusten, in het tweede geval vecht 'ik' tegen de bierkaai - totdat de wal het schip keert - zodat 'ik' wel de lasten heeft maar niet de lusten.

Het stramien van het sociale dilemma stelt ons in staat om systematiek aan te brengen in de bereidheid van mensen om individuele 'offers' (lasten) te brengen voor de collectieve 'goede' zaak (lusten). Mogelijk dat het vruchtbaar is het vraagstuk van *particuliere* verantwoordelijkheid voor natuur als *collectief* goed vanuit het conceptuele raamwerk van het sociale dilemma te benaderen. Wij doen hier slechts de suggestie en tekenen er bij aan dat het in een dergelijk geval belangrijk is explicieter te zijn over wat als last en lust wordt gezien. Bij wijze van exploratieve aanzet hiertoe is verantwoordelijkheid voor natuur als 'doel' hierboven in verband gebracht met de 'middelen' tijd en geld.

7. Discussie: participatie door particularisatie

Natuurbeleid en -beheer was lang een zaak die exclusief gereserveerd was voor professionele biologen en natuurbeleidsmakers. Het heeft er echter de schijn van dat de 'ontmenselijking van natuur', waarbij er een groeiende afstand is tussen de dagelijkse leefwereld van mensen en wat als natuur(beleid) te boek staat, plaatsmaakt voor een 'vermaatschappelijking van natuur(beleid)', waarin het essentieel is het publiek te laten participeren in het natuurbeheer en natuurbeleid. Deze tendens is te verbinden aan de beleidsmatige aandacht in de jongste jaren voor participatieve beleidsvorming, voor het bereiken van het (consumenten)publiek, voor de aandacht voor mensenwensen met het oog op maatschappelijk draagvlak, voor het koersen op *bottom up* beleid, en dergelijke (zie Van Koppen, 2002, p. 173, 196, 226; Ministerie van LNV, 2000). Het centraal stellen van het vraagstuk van verantwoordelijkheid van niet-professionals voor natuur door de redactie van dit boek, past in deze recente ontwikkeling.

Dat de aandacht voor verantwoordelijkheid in een bredere maatschappelijke context is te plaatsen, hebben we kort aangegeven in de paragrafen 1 en 2. De belangstelling die er voor verantwoordelijkheid is laat onverlet dat we te maken hebben met een problematische affaire. Kijkend naar de praktijk, hebben we in de paragrafen 3 en 4 gezien dat verantwoordelijkheid in termen van offerbereidheid tot daaraan toe is, maar dat actiebereidheid moeilijk is te realiseren. Ook de kleine conceptuele verkenningen die zijn uitgevoerd in de paragrafen 5 en 6 geven aanleiding de nodige haken en ogen te zien als het aankomt op publieksparticipatie bij natuur. Naar aanleiding van de paragrafen 3 t/m 6 zijn verschillende 'hobbels en bobbels' op de weg van het 'ontmenselijkte' naar het 'vermaatschappelijkte' natuurbeheer en -beleid te traceren, die we kort de revue laten passeren om op optimistischer wijze te besluiten.

Het beeld van mensen dat naar voren komt uit het gevangenendilemma of op basis van sociale waardeoriëntaties, laat zien dat mensen niet altijd of automatisch met smart zitten te wachten op het dragen van sociale verantwoordelijkheid. Verantwoordelijkheid dragen vraagt inzet, kost moeite en energie. Verantwoordelijkheid vraagt erom na te gaan wie wat te bieden heeft, wat schaars is voor wie, welke belangen partijen hebben en in welke (machts)verhouding actoren ten opzichte van elkaar staan. Kortom, verantwoordelijkheid vereist inspanning zonder dat het alleen van de eigen inspanningen afhankelijk is welke (wrange) vruchten je ervan zult plukken. Ook voor mensen die verantwoordelijkheid nemen voor natuur geldt dat ze zich afhankelijk moeten opstellen. Dit staat gemakkelijk haaks op de individualisering in de hedendaagse samenleving, zo is bij herhaling aangestipt. Tevens is het geen vanzelfsprekendheid in de veeleisende meerkeuzemaatschappij om een individualistische of een competitieve handelingsoriëntatie in te ruilen voor een coöperatieve - óók als het besef er is dat het eigenbelang hierbij gebaat is en het daarmee rationeler is wél voor de collectieve actie te kiezen.

Gemak en zekerheid zijn eveneens trefwoorden die gevonden worden als we enkele patronen in de levenswandel van moderne mensen volgen. We treffen aan dat mensen met een relatief groot gemak en groter wordende gebruikelijkheid diensten kopen, terwijl het tegelijk grote moeite kost mensen daadwerkelijk in actie te laten komen (op vrijwillige basis). Natuurverantwoordelijkheid zou wel eens minder een kwestie kunnen zijn van de veelgenoemde *willingness to pay* dan van het 'betalen in natura' voor natuur. Dit laatste lijkt problematischer te zijn dan het vertonen van 'aflaatgedrag' via het trekken van de beurs. De ontwikkelingsrichting waarin de cijfers wijzen, geven aan dat men zich in stijgende mate opstelt als geldinvesterende consument in plaats van als tijdinvesterende participant. Dit past bij het beeld van de moderne consument die getypeerd wordt door tijdschaarste. De verwachtingen over particuliere (mede)verantwoordelijkheid voor natuurbeheer en -beleid in de zin van het doen van tijdsinvesteringen in riet snijden, wilgenknotten, weidevogelbescherming of vrijwilligerswerk in een bestuur van een natuurgebied, en dergelijke, lijken gemakkelijk overschat te worden.

In het verlengde hiervan is het tevens relevant nogmaals aan te halen dat het zinvol is een duidelijk verschil te maken tussen *genieten* van natuur en *zorgen* voor natuur als er gesproken wordt over maatschappelijk draagvlak voor natuur (Van Koppen, 2002, p. 189, 233). Zoals dat ook geldt voor het onderscheid tussen donateur zijn van een natuur- of milieuorganisatie en wat mensen metterdaad ten faveure van natuur en milieu doen (of laten). Dit laatste geeft toch meer inhoud aan verantwoordelijkheid. Het maken van dergelijke onderscheidingen relativeert ook de betrokkenheid van particulieren bij natuur. Natuurrecreatie is en blijft toch wat anders dan participatie in natuuronderhoud en -bescherming via het knotten van wilgen, het plaatsen van nestbeschermers of het snijden van riet, en dergelijke.

Tijd vormt eerder een knelpunt voor natuurverantwoordelijkheid dan geld. Maar het is uiteraard de vraag of deze situatie zijn geldingskracht behoudt als het economische tij ongunstig(er) wordt. Gesteld dat de huidige economie inderdaad in een neerwaartse spiraal zit, dan betekent dit een terugval in de bestedingsruimte van mensen en wordt het beroep op eigen productiemiddelen en zelfwerkzaamheid groter. In het kielzog van deze decommodificatie zou ook de particuliere verantwoordelijkheid voor natuur een prominentere kans kunnen hebben.

Vanuit een positiever perspectief bezien mag er echter oog voor zijn dat de cijfers over donaties en ledentallen duidelijk maken dat menig burger de natuur een warm hart toedraagt. Het ontbreekt niet aan belangstelling voor natuur, maar aan de omzetting van die belangstelling in concrete actie. Actieve betrokkenheid bij natuur of collectieve inspanningen bij natuur kunnen weliswaar aanwezig zijn, maar zijn niet dominant.

Om deze betrokkenheid te activeren zullen er naast de zojuist genoemde 'hobbels en bobbels' ongetwijfeld nog andere zijn op te ruimen. We hebben niet te bedoeling uitputtend te zijn. We willen daarentegen juist toe naar één punt waar we ten slotte nog even aandacht voor willen vragen: de noodzaak natuur minder afstandelijk en abstract te maken. Zolang dit niet gebeurt, blijven mensen ook op afstandelijke wijze invulling geven aan verantwoordelijkheid. Het hoogst haalbare is dan het uitschrijven van een girootje. Wie inzet op het vergroten van de verantwoordelijkheid voor natuur in termen van *geld*, zal die offerbereidheid van particulieren via de weg van *professionalisatie* kunnen bereiken. De hierop volgende veronderstelling is dat wie inzet op de vergroting van verantwoordelijkheid voor natuur in termen van *tijd* en *moeite*, beter de weg van *particularisatie* kan bewandelen om de actiebereidheid onder mensen te stimuleren.

Medeverantwoordelijkheid voor natuur vergroten door mensen in actie te laten komen, impliceert dat de klussen, die op tal van plaatsen liggen te wachten, tot de verbeelding van mensen gaan spreken. Het moet de moeite waard zijn er tijd en energie aan te spenderen. Mensen moeten dus verleid worden. Natuurverantwoordelijkheid moet geen verplichting zijn maar een belevenis; een betekenisvolle besteding van de kostbare vrije tijd. Deze kan gelegen zijn in het contact met de natuur en 'het buitenleven', het sociale contact met gelijkgestemden of het goede gevoel (over zichzelf) dat men overhoudt aan het getroosten van enige opoffering voor de natuur, en dergelijke. Kortweg, vergroting van de aantrekkelijkheid voor mensen van het nemen van natuurverantwoordelijkheid, vraagt om particularisatie. Dit wil zeggen, dat het collectieve karakter van enigerlei vorm van natuurbemoeienis gekoppeld wordt aan een individuele beloning of behoeftenbevrediging. Deze zal doorgaans 'onbetaalbaar' zijn. Oftewel, de onderscheidende bevrediging heeft niks met geld van doen, maar is niet-materieel van aard: de menselijke behoefte aan een goed gevoel, de bevrediging samen iets gerealiseerd te hebben, contact te hebben gelegd, een dagje frisse lucht of onthaasten, etcetera. Symbolische belevings- of identiteitswaarden staan voorop. Hoe natuur op aansprekende wijze onder de aandacht van mensen is te brengen zodanig dat ze zin hebben zich ervoor in te spannen, welke 'kernkwaliteiten' van natuur op welke wijze naar voren zijn te schuiven, of hoe mensen vanuit particulier initiatief andere 'gewone' mensen enthousiasmeren en activeren natuurverantwoordelijkheid te nemen, zijn enkele onderzoeksvraagstukken die belangrijk zijn nader te gaan bekijken om beter in het vizier te krijgen welke kansen er zijn om de particuliere verantwoordelijkheid voor natuur toe te laten nemen.

Een belangrijke voorwaarde om natuurverantwoordelijkheid tot de verbeelding te laten spreken is dat natuur geen abstractie of ver-van-mijn-bed-show is, maar dat het accent erop komt te liggen dat natuur behoort tot de dagelijkse leefwereld van mensen en bijdraagt aan hun kwaliteit van leven. Dan ontstaat er ruimte voor natuur die betekenis heeft voor mensen en waarbij ze zich betrokken voelen. Die betekenis en betrokkenheid zijn des te belangrijker omdat het wezenlijke *stepping-stones* zijn om tot verantwoordelijkheid te komen. Vanuit het besef dat verantwoordelijkheid voor natuur een marginaal verschijnsel zal zijn en blijven als natuur een gemarginaliseerde positie inneemt in het alledaagse leven van mensen, zal natuur moeten opschuiven van 'de rafelrand' van de post-industriële samenleving naar centraal liggende delen van de hedendaagse consumptiemaatschappij. Particuliere verantwoordelijkheid voor het beheer en de bescherming van natuur is in deze optiek een functie van de veelzijdige en gevarieerde wijze waarop natuur en consumptiecultuur met elkaar verbonden en gecombineerd worden - niet alleen door professionals maar vooral ook door particulieren zélf. Deze eigentijdse benadering vereist én vergroot de kans dat moderne mensen op eigen initiatief natuurverantwoordelijkheid nemen.

Literatuur

Axelrod, R. (1990). *The evolutie van samenwerking*. Amsterdam: Uitgeverij Contact.

Breedveld, K. (red.) (2003). *Rapportage sport 2003*. Den Haag: SCP.

Breedveld, K. & A. van den Broek (red.) (2001). *Trends in de tijd*. Den Haag: SCP.

Breedveld, K. & A. van den Broek (2002). 'De veeleisende samenleving'. In: RMO, *Werken aan balans*. Den Haag: RMO.

Breedveld, K. & A. van den Broek (2003). *De meerkeuzemaatschappij.* Den Haag: SCP.

Broek, A., van den, W.P. Knulst & K. Breedveld (1999). *Naar andere tijden?* Den Haag: SCP.

Dagevos, J.C. (2003). 'Sociaal-culturele dimensies van het voedingssysteem: Voedsel in de optiek van een consumptiesocioloog'. In: N.J. Beun et al. (red.) *Sociaal-culturele aspecten van groene ruimte en voeding*. Den Haag: InnovatieNetwerk, pp. 13-46.

Dagevos, J.C., J. Luttik, M.M.M. Overbeek & A.E. Buijs (2000). *Tussen nu en straks: Trends en hun effecten op de groene ruimte*. Den Haag: LEI/Alterra.

Dagevos, H. & L. Sterrenberg (red.) (2003). *Burgers en consumenten: Tussen tweedeling en twee-eenheid*. Wageningen: Wageningen Academic Publishers.

Elchardus, M. (1996). *De gemobiliseerde samenleving*. Brussel: Koning Boudewijn Stichting.

Hart, J. de (red.) (2002). *Zekere banden*. Den Haag: SCP.

Hofstadter, D.R. (1988). *Metamagische thema's: Op zoek naar de essentie van geest en patroon*. Amsterdam: Uitgeverij Contact.

Knulst, W.P. & C. van Eijck (2002). *Vrijwilligers in soorten en maten II*. Tilburg: Universiteit van Tilburg.

Koppen, C.S.A. van (2002). *Echte natuur: Een sociaaltheoretisch onderzoek naar natuurwaardering en natuurbescherming in de moderne samenleving*. Wageningen: Proefschrift Wageningen Universiteit.

Lange, P.A.M. van (1997). 'Persoonsverschillen in coöperatie, individualisme en competitie: Een overzicht van dertig jaar onderzoek'. *Nederlands tijdschrift voor psychologie*, 52, pp. 101-110.

Metz, T. (2002). *Pret!: Leisure en landschap*. Rotterdam: NAi Uitgevers.

Ministerie van LNV (2000). *Natuur voor mensen, mensen voor natuur: Nota natuur, bos en landschap in de 21ste eeuw*. Den Haag: Ministerie van Landbouw, Natuurbeheer en Visserij.

Mommaas, H. (m.m.v. M. van den Heuvel & W. Knulst) (2000). *De vrijetijdsindustrie in stad en land: Een studie naar de markt van belevenissen*. Den Haag: SDU.

NOC*NSF (2002). *Nederland een sportland*. Arnhem: NOC*NSF.

NOC*NSF (2003). *Sporters in cijfers 2002*. Arnhem: NOC*NSF.

SCP (2001). *De sociale staat van Nederland*. Den Haag: Sociaal en Cultureel Planbureau.

SCP (2002). *Sociaal en cultureel rapport 2002*. Den Haag: Sociaal en Cultureel Planbureau.

SCP/CBS (2002). *De emancipatiemonitor 2002*. Den Haag : Sociaal en Cultureel Planbureau.

Swaan, A. de (1996). *De mensenmaatschappij: Een inleiding*. Amsterdam: Uitgeverij Bert Bakker.

8. "Hé jij daar, met dat rode jack!"

Jozef Keulartz en Cor van der Weele

"U krijgt van mij twee kwartjes voor het graan, u geeft mij meer productie", zei minister Mansholt vijftig jaar geleden tegen de boeren. We hebben ook nu een akkerbouwer als minister van landbouw, die opnieuw een deal wil sluiten met de boeren. Een andere deal, in een andere tijd. "U krijgt van mij minder regels en meer vrijheid, u geeft mij zorg voor landschap en natuur", zegt minister Veerman tegen boeren die hij toespreekt.

Het zijn niet alleen boeren die zich meer verantwoordelijk moeten gaan voelen voor natuur en landschap; hetzelfde geldt voor andere burgers. Het zijn trouwens ook niet alleen natuur en landschap waar wij ons verantwoordelijker voor moeten gaan voelen. De overheid wil meer in het algemeen dat wij burgers ons minder als vrijblijvende consumenten gaan opstellen, ook op het terrein van verantwoord voedsel, leefbare buurten, veiligheid op straat, een zorgzame samen-leving... we moeten niet alleen maar wensen op tafel leggen en naar anderen of naar de overheid kijken om daaraan te voldoen; eerst moeten we onze eigen verantwoordelijkheid nemen. Opdat wij deze verantwoordelijkheid waar kunnen maken, wil de overheid, zoals Veerman ook de boeren voorhoudt, meer ruimte geven en het aantal regels verminderen.

In dit essay vragen wij ons af hoe verantwoordelijkheid, speciaal voor natuur en landschap, wel en niet kan worden bevorderd, welke manieren er nu worden geprobeerd en bedacht, welke problemen daar aan vast zitten, en wat er nog meer te doen zou zijn.

1. Verdunning van verantwoordelijkheid

Er zijn redenen om sceptisch te zijn over de effectiviteit van een oproep tot medeverantwoordelijkheid, zelfs als we allemaal met het idee zouden sympathiseren, als die oproep ons allen geldt maar niemand in het bijzonder. Handboeken sociale psychologie (bijvoor-beeld Myers, 2002, Smith & Mackie, 2000) staan vol met mecha-nismen die te denken geven.

Het verschijnsel dat mensen zich minder inspannen als ze opgaan in een groep staat bekend als *social loafing* (sociaal lummelen). Het werd eind 19ᵉ eeuw opgemerkt door de Franse landbouwingenieur Ringelmann, in een touwtrekexperiment, en is in de jaren zestig van de 20ᵉ eeuw bevestigd door sociaal psychologen in laboratorium-situaties. Als aan studenten werd gevraagd om bijvoorbeeld zo hard te klappen en te roepen als ze konden, bleken ze minder geluid te maken naarmate de groep groter werd, zonder dat ze zich dat overigens realiseerden. Het verschijnsel beperkt zich niet tot zulke taken als klappen, schreeuwen en touwtrekken; ook bij cognitieve prestaties doet het zich voor. Het maakt daarbij wel uit hoe interes-sant mensen de groepstaken vinden, hoe betrokken ze zich voelen, en hoe goed ze zich voelen in de groep.

De verklaring van sociaal lummelen wordt, naast bovenstaande motivatie-factoren, vooral gezocht in de verdunning van verantwoor-delijkheid (*diffusion of responsibility*) die optreedt als mensen 'verdwijnen in de groep'. Dit spoort met de bevinding dat sociaal lummelen sterker is als individuele bijdragen in een groep niet als zodanig herkenbaar zijn, en er ook geen standaard is waaraan indi-viduen hun inspanning kunnen afmeten. Als individuele bijdragen wel herkenbaar zijn willen mensen graag goed voor de dag komen. In zulke situaties kun je zelfs het omgekeerde van *loafing* zien, sociale compensatie: sommige groepsleden werken extra hard om het gebrek aan kracht of vaardigheid van anderen te compenseren.

Verdunning van verantwoordelijkheid wordt onder meer gezien als een belangrijk mechanisme ter verklaring van het *bystander effect*, het verschijnsel dat toeschouwers minder geneigd zijn hulp te bieden aan iemand in nood naarmate ze met meer zijn. Dit werd een groot thema in de sociale psychologie na de dood, in 1964, van Kitty Genovese uit New York, die neergestoken werd en meer dan een half uur om hulp riep voor ze stierf, terwijl bijna veertig mensen die haar hoorden of zelfs een deel van de steekpartij zagen, niets deden, niet eens de politie belden.

Naast verdunning van verantwoordelijkheid is ook het verschijnsel *pluralistic ignorance* relevant. Mensen voelen zich in allerlei situaties onbehaaglijk en onzeker en vragen zich af of ze iets moeten doen, zeggen, of vragen. Als ze dan zien dat geen van de andere aanwezigen iets doet, dan gaat dat gedrag van de anderen als norm gelden, alsof die anderen voor hun zwijgen of nietsdoen wel goede redenen zouden hebben, en niet op precies dezelfde manier onzeker zouden zijn. *Pluralistic ignorance* vormt mede een verklaring van het *bystander effect*, en van zwijgzaamheid uit angst een domme vraag te stellen, maar ook van publiek conformisme. Gedragingen waar in feite maar weinigen zich echt gelukkig bij voelen, kunnen toch lang in stand blijven doordat mensen elkaars uiterlijk gedrag voor echte overtuiging aanzien. Een voorbeeld is alcoholgebruik onder studenten, in de VS - bestudeerd op campussen. De onbehaaglijkheid die studenten voelen over veel drinken veronderstellen ze bij anderen afwezig, en zo ontstaat de indruk dat iedereen zwaar drankgebruik goed of normaal vindt.

Wie hulp wil van anderen doet er goed aan verdunning van verantwoordelijkheid en *pluralistic ignorance* met kracht tegen te gaan. Ter bestrijding van sociaal lummelen bevelen sociaal psychologen vooral aan individuele bijdragen zichtbaar te maken, of er in ieder geval een standaard voor te verschaffen (omdat de mogelijkheid zelf te kunnen evalueren ook al helpt). Geen impliciete verwachtingen, geen algemene oproepen, maar een persoonlijke aanpak. Wie op straat ligt temidden van langs snellende mensen en hulp nodig heeft, roept dus niet "Help", maar beter "Hé jij daar, met dat rode jack, help me!" (Smith & Mackie, 2000, p. 580).

Zou hetzelfde niet kunnen gelden voor een overheid die onze verantwoordelijkheid voor natuur en landschap wil bevorderen?

2. Georganiseerde verantwoordelijkheid

Laten we er op grond van het bovenstaande van uitgaan dat verantwoordelijkheid, ook voor natuur en landschap, wordt bevorderd als mensen niet alleen gemotiveerd worden door de aard en zin van de uitdagingen die aan de orde zijn, maar ook op een persoonlijke, duidelijke en zichtbare manier een bijdrage kunnen leveren. Als de overheid wil slagen in het stimuleren van solidariteit, verantwoordelijkheid, respect en fatsoen, dan moet ze voorkomen dat haar oproepen in vrijblijvendheid ten onder gaan. Dit vraagt om middelen en instituties.

Laten we een aantal voorbeelden bekijken van manieren die bestaan of worden geopperd voor de organisatie van verantwoordelijkheid, al dan niet door de overheid. Het zijn heel verschillende voorbeelden, dus wees voorbereid: dit essay gaat 'alle kanten op'.

Wilhelminapolder: gezamenlijk ondernemen
Bij het denken over een toekomst van het platteland waarin zorg voor het landschap een belangrijke rol speelt, wordt over het algemeen een grote waarde gehecht aan familiebedrijven en hun kleinschalige, traditionele manier van opereren. Maar traditionele familiebedrijven staan een breed gedragen verantwoordelijkheid voor het platteland ook in de weg, doordat de grond geen publiek eigendom is, maar in handen is van individuele boeren. Dit bemoeilijkt natuur- en landschapsplannen, die immers de omvang van individuele bedrijven ver te boven gaan. Er zijn wel steeds meer boeren die met elkaar samenwerken in verenigingen voor agrarisch natuurbeheer, maar daarbij blijft wel het familiebedrijf de basis.

De samenwerking kan ook radicaler. Op Zuid-Beveland bevindt zich sinds 1809 het grootste private akkerbouwbedrijf van Nederland, de *Wilhelminapolder* (voluit 'Koninklijke Maatschap tussen eigenaren van gronden in de Wilhelminapolder en de Oost-Bevelandpolder'). Deze gronden beslaan 1700 hectare, en zijn eigendom van ongeveer 350 mensen die samen de maatschap vormen. De Wilhelminapolder heeft een bestuur, en voor de dagelijkse leiding een directeur. De toegang tot de maatschap is niet vrij: wie een participatie wil kopen maar geen directe familie is van een van de bestaande maten, krijgt te maken met een ballotagecommissie.

In deze organisatie zijn 350 mensen op een directe manier betrokken bij een akkerbouwbedrijf. Niet iedereen praat voortdurend mee, maar de structuur dwingt mensen wel bij elkaar te komen en gezamenlijk na te denken over het bedrijf en de toekomst ervan. Dit impliceert een voortgaande dialoog over onderwerpen die in de samenleving aan de orde zijn rond landbouw, van mestproblematiek tot biologische landbouw, waarmee de Wilhelminapolder vrijwel steeds in concrete vorm te maken heeft. Ook zorg voor het landschap hoort daarbij. Agrarisch natuurbeheer, de eventuele aanleg van landgoederen, nieuwe bestemmingen voor oude schuren, windmolens, waterbeheer, enzovoort staan voortdurend op de agenda. Als grote landbouwpartij treedt het bedrijf bovendien in allerlei vormen van overleg en interactie met lokale overheden, omwonenden en andere geïnteresseerden. Dit laatste bijvoorbeeld in de vorm van een jaar-lijkse open dag.

Gebruikersparticipatie bij Staatsbosbeheer
Sinds een aantal jaar is het vergroten van maatschappelijk draagvlak, via gebruikersparticipatie, een speerpunt voor Staatsbosbeheer (SBB). Alle districten hebben opdracht participatiegroepen in het leven te roepen. De vraag ontstond dus hoe dat aan te pakken. De organisatie heeft over dit onderwerp geen nota's geschreven, maar is er al doende mee aan de slag gegaan. In een *Handreiking gebruikersparticipatie* (2001) wordt een aantal inzichten, tips en adviezen bijeengebracht, bedoeld om medewerkers van SBB te helpen projecten op te zetten waarin zij anderen bij het beheer van de terreinen betrekken. Het kan bij voorbeeld gaan om de inrichting van een natuurzwembad of de toegankelijkheid van een gebied. Uiteraard ligt er in de handreiking veel nadruk op communicatie, en op de noodzaak om gedurende langere tijd veel energie te investeren. Daarnaast maakt de handrei-king duidelijk dat de eigendomssituatie een belangrijke variabele is. Als SBB zelf eigenaar is, is de armslag veel groter dan wanneer het gaat om een natuurontwikkelings- of landinrichtingsproject waarin anderen (nog) de regie hebben. De verantwoordelijkheid, zo stelt de handreiking, moet liggen waar hij thuishoort.

In een onderzoek naar de gebruikersparticipatie bij SBB, met als doel de succesfactoren op te sporen, noemt ook Crollius (2002) de lokalisering van verantwoordelijkheid als een belangrijk punt voor succes. Hij doelt daarbij op verantwoordelijkheden binnen SBB zelf. In het verleden is er teveel vertrouwd op het motto "laat duizend bloemen bloeien", stelt hij. Dat heeft geleid tot initiatieven die een vroege dood stierven en tot geïsoleerde successen waar verder niets mee gebeurde. Gebruikersparticipatie kan niet aan individuele initi-atieven worden overgelaten. Er is centrale ondersteuning nodig om het proces te coördineren en stimuleren. In het spanningsveld tussen *top down* en *bottom up* is er volgens deze analyse binnen SBB een duidelijke versterking van de verantwoordelijkheid van bovenaf nodig. Participatie van gebruikers vraagt dus om regie.

Wat participatie in de praktijk precies inhoudt, en wie er bij betrokken zijn, blijft ondertussen enigszins mistig, niet alleen in de besproken handleiding, maar ook in het jaarverslag over 2002 van SBB, dat maar enkele regels aan de gebruikersparticipatie besteedt.

Daarin wordt gemeld dat de ervaringen positief zijn en dat het de bedoeling is het aantal groepen uit te breiden. Deze ondoorzichtigheid is een zwakke plek waar we op terug zullen komen.

Gated Communities
Instructieve voorbeelden van gezamenlijke verantwoordelijkheid zijn ook te vinden buiten het terrein van natuur en landschap.

De opkomst van gesloten leefgemeenschappen, *gated communities*, is eind jaren tachtig en begin jaren negentig in een stroomversnelling geraakt. Het verschijnsel komt tegemoet aan zulke behoeften als veiligheid en een grotere controle over de eigen directe leefomgeving, het verlangen naar meer gemeenschapszin, naar leven onder gelijkgestemde mensen en naar meer fatsoen, verantwoordelijkheid en wellevendheid in de publieke sfeer. Gesloten woongemeenschappen zijn op grote schaal te vinden in explosief groeiende verstedelijkte gebieden in Azië (bijvoorbeeld rond Kuala Lumpur en veel Zuid-Chinese steden), Zuid-Amerika (rond Sao Paulo en Buenos Aires), Rusland en de Oekraïne. Veiligheid is in die gevallen het overheersende motief: met name in gebieden waar bevolkingsgroepen zich bedreigd voelen, zoals in Zuid-Afrika (rond Johannesburg), in Indonesië (etnische Chinezen) en in Libanon, blijken ommuurde woongebieden grote aantrekkingskracht te bezitten. In de Verenigde Staten neemt het verschijnsel eveneens een hoge vlucht, vooral in de *Sunbelt*-staten (Californië, Florida en Texas). In 1997 werd het aantal *gated communities* in de V.S. op 20.000 geschat, met rond de 9 miljoen inwoners (Blakely & Snyder, 1997). Ook in West-Europa hebben zulke gemeenschappen hun entree gemaakt. Hoewel er in Nederland tot dusver geen echte *gated communities* bestaan, laten nederzettingen in het buitengebied een duidelijke tendens tot afzondering zien. Voorbeelden zijn de vele *resorts* die momenteel bij golfbanen (zoals Flevo Golf Resort en Golfresidentie Dronten) en bij attractieparken (zoals de Efteling en Six Flags) verschijnen. Vakantiedorpen als Port Zélande, die steeds meer als tweede woonoord dienst doen, lijken misschien nog wel het meest op *gated communities*. Ze zijn vaak volledig omwald, hebben smalle straten zonder stoep en kennen meestal maar één ontsluitingsweg. Wie hier niet woont, valt onmiddellijk als vreemdeling op.

De tendens tot afsluiting verklaart ook de populariteit van 'kasteelbouw' onder architecten. De door Sjoerd Soeters ontworpen Vinex-wijk Haverleij bij Den Bosch bestaat uit negen 'kasteelclusters'. De nieuwe, eveneens door Soeters ontworpen, uitbreidingswijk van Helmond, Brandevoort, heeft het uiterlijk van een middeleeuwse vestingstad. De Vinex-wijk Houten-Zuid wordt een Romeins *castellum*, compleet met torens en een slotgracht. In oude stadscentra verrijst eveneens nieuwbouw die aan kasteelachtige vestingbouw herinnert, denk maar aan de Meander of aan de Noorderhof in Amsterdam. Kortom, de tendens tot afsluiting wordt versterkt door traditionalistische, fort-achtige architectuur.

Sociale Dienstplicht
Een manier om te voorkomen dat oproepen tot medeverantwoordelijkheid in vrijblijvendheid ten onder gaan is de mensen in de kraag te grijpen, individuele vrijheid aan te tasten en sociale dienstplicht in te stellen. In tegenstelling tot de andere voorbeelden is sociale dienstplicht geen gerealiseerd idee. Aan de andere kant is het ook geen buitenissig idee; zaken als schoolplicht en militaire dienstplicht zijn of waren immers heel gewoon.

Pleidooien voor sociale dienstplicht, die af en toe opduiken en evenzo vaak weer van tafel verdwijnen, komen zowel van de politieke linker- als rechterkant: zowel Pim Fortuyn als leden van GroenLinks hebben er voor gepleit. Principieel verzet ertegen komt onder meer van liberale kant. De jongerenorganisatie van de VVD liet zich bijvoorbeeld verontwaardigd uit over een CDA-plan voor sociale dienstplicht, omdat het jongeren "een jaar van hun leven ontneemt" (www.jovd.com).

Ook al is het niet noodzakelijk, toch wordt bij sociale dienstplicht inderdaad meestal aan jongeren gedacht. Sociale dienstplicht krijgt daarmee een duidelijk educatieve component: jongeren leren erdoor buiten hun eigen kringetje te kijken en een bijdrage aan de samenleving te leveren, en worden gestimuleerd in het ontwikkelen van solidariteit.

Jan Post, directeur van het Rode Kruis, is een van de mensen die hebben geopperd dergelijke doelstellingen te realiseren via maatschappelijke organisaties: jongeren zouden drie tot zes maanden bij een maatschappelijke organisatie als Novib, Dierenbescherming, of Rode Kruis kunnen worden ondergebracht, en daar dan ook studiepunten voor moeten krijgen (Eindhovens Dagblad, 2003). Sociale dienstplicht krijgt op die manier trekken van een stage, en al snel duikt in dat verband ook het idee van vrijwilligheid op, dat de angel uit het dienstplichtidee haalt, en het haalbaarder lijkt te maken. Minister Van der Hoeven is bij voorbeeld enthousiast over het idee van zo'n 'maatschappelijke stage' en laat het via een proefproject onderzoeken. Maar vrijwilligheid haalt ook de kracht uit sociale dienstplicht. Het dagblad *Trouw*, dat het onderwerp deze zomer aan de orde stelde, laat onder meer Dolf Hautvast van het Algemeen Pedagogisch Studiecentrum in Utrecht aan het woord, die stelt dat juist degenen die zo'n stage het meest nodig hebben zich niet vanzelf zullen melden. Sociale dienstplicht moet in zijn ogen net zo normaal worden als belasting betalen (Huseman & Marlet, 2003).

Sociale dienstplicht wordt vooral in verband gebracht met zorg, niet met natuur en landschap. Maar ook Staatsbosbeheer, Natuurmonumenten, waterschappen of de provinciale landschapsorganisaties kan men zich met meer of minder moeite voorstellen als organisaties die worden ingeschakeld bij het vormgeven van sociale dienstplicht, of moeten we dan spreken van *groene* dienstplicht ...?

De voorbeelden die we hebben besproken mogen dan misschien werkzame manieren zijn om betrokkenheid en verantwoordelijkheid te organiseren, ze zijn niet zonder meer vrij van problemen. We bespreken die problemen onder twee noemers: *Ontoegankelijkheid* en *Ondoorzichtigheid*.

3. Ontoegankelijkheid: clubs en hun gevolgen

Wie de burger meer verantwoordelijkheid geeft voor een bepaald beleidsterrein moet zich realiseren dat hij/zij in ruil daarvoor meer controle over dat terrein zal opeisen. Voor het beleid ten aanzien van natuur, en van ruimtelijke ordening in het algemeen, kan dit onder meer betekenen dat mensen anderen geheel of gedeeltelijk zullen willen uitsluiten van het gebruik van een bepaald gebied, om zo hun controle daarover veilig te stellen.

Of en hoe we een bepaalde ruimte kunnen gebruiken is afhankelijk van de vraag of we die ruimte (*de jure*) mogen of (*de facto*) kunnen betreden. Welke toelatingsregels gelden voor een bepaalde ruimte? Voor de beantwoording van die elementaire vraag biedt het beroemde *Spheres of Justice* (1983) van Walzer belangrijke aanknopingspunten.

Walzer onderscheidt drie typen politieke gemeenschappen met ieder hun eigen toelatingsregels: de buurt, de club en de familie.

De *buurt* is een politieke gemeenschap die geen lidmaatschap kent en die dus in principe door openheid gekenmerkt wordt. Een buurt kan iemand welkom heten of niet, maar kan niemand toelaten of buitensluiten. De voor een buurt karakteristieke ruimte is een 'indifferente' of neutrale ruimte. De *club* is een politieke gemeenschap die wel toelatingsprocedures kent. Een club heeft weliswaar het recht of de bevoegdheid om iemand als lid toe te laten of te weigeren maar kan niemand ervan weerhouden om het lidmaatschap op te zeggen en de club te verlaten. De categorie *familie* ten slotte duidt op een politieke gemeenschap waarvan het lidmaatschap op verwantschap gebaseerd is.

Van der Wouden (1999) heeft aan deze drie gemeenschapstypen nog een vierde toegevoegd: *subcultuur*. Daarbij staat niet zozeer etnische verwantschap centraal maar draait het veeleer om emotionele verwantschap op grond van seksuele voorkeur of op grond van leefstijl. Verwantschap op grond van leefstijl is dikwijls van zelfgekozen en tijdelijke aard, terwijl verwantschap in de zin van Walzers *family* ten minste een element van niet door het individu zelf gekozen afkomst veronderstelt.

Deze vier gemeenschapstypen kunnen worden afgebeeld op een schaal van openheid naar geslotenheid, of van publiek naar privé. Hiervan vormen 'buurt' en 'verwantschap' de beide uitersten. Een buurt kan men onbelemmerd in- en uitgaan. Het lidmaatschap van een etnische gemeenschap daarentegen kan men verwerven noch verliezen. Tussen deze beide uitersten kunnen 'club' en 'subcultuur' gesitueerd worden. Een club kent een formele toelatingsprocedure, een subcultuur niet. Maar de toelating tot een subcultuur is ook niet geheel open; wil men als 'lid' geaccepteerd worden dan zal men zich de leefstijl en gedragscodes van de groep in kwestie eigen moeten maken.

Met behulp van deze indeling van gemeenschapsvormen naar de mate van openheid en geslotenheid is het mogelijk om verschillende typen van privatisering als volgt te classificeren.

	Entrée	Exit	Enclave
Buurt	Open	Open	Openbare ruimte
Subcultuur	Gesloten (informeel)	Open	Scenerie
Club	Gesloten (formeel)	Open	Gated Community (Wilhelminapolder)
Verwantschap	Gesloten	Gesloten	Getto

De 'buurt' staat voor de openbare ruimte die in gelijke mate toegankelijk is voor alle burgers, ongeacht afkomst of achtergrond, en waar algemene en neutrale gedragsregels gelden. De overige gemeenschapsvormen corresponderen met uiteenlopende typen van privatisering. Dat zijn in opklimmende mate van afsluiting en uitsluiting: de scenerie, de *gated community* en het getto.

Zoals Webster terecht heeft opgemerkt behoren *gated communities* noch tot het publieke noch tot het private domein. "Zij nopen tot een herdefinitie van beide, die een beperking van het ene en een uitbreiding van het andere inhoudt. Net als *shopping malls* maken zij deel uit van het club-domein" (Webster, 2001). In dat verband wijst Webster op Buchanans 'economische theorie van clubs' die aan wil tonen dat clubs soms beter in staat zijn bepaalde collectieve diensten (bijvoorbeeld op het gebied van onderhoud, veiligheid en leefbaarheid) efficiënt te organiseren dan de overheid.

De meerduidigheid van afsluiting
In het algemeen worden *gated communities*, behalve uiteraard door de bewoners zelf, tamelijk ongunstig beoordeeld. Volgens Blakely en Snyder (1997) getuigen ze van een bedenkelijke *fortress mentality*: hoe meer de burgers zich in homogene, onafhankelijke enclaves terugtrekken, hoe zwakker hun banden met de omringende samenleving zullen worden en hoe geringer hun betrokkenheid bij gemeentelijke, regionale of nationale problemen zal zijn. Davis (1990) spreekt van een geleidelijke 'militarisering' van het stedelijke landschap, die de etnische en sociale segregatie verder zal verdiepen. Ook Nederland zou hierdoor op den duur kunnen veranderen in een 'archipel van enclaves', waarin "cultureel homogene groepen op en neer pendelen

tussen afgeschermde en eveneens homogene woon- en werkge-
bieden" (Hajer & Halsema, 1997, p. 24).

Een van de voornaamste nadelen van een dergelijke fysieke
'apartheid' is dat de waarneming en waardering van etnische en
sociale verschillen een tamelijk rigide karakter kunnen aannemen.
Hierbij is in het geding wat de VROM-raad als 'cognitieve cohesie'
heeft aangeduid. Hoewel verschillen tussen wijken als zodanig
volgens de raad geen probleem zijn, moeten stadsbewoners tot op
zekere hoogte kennis hebben van elkaars wereld. De raad acht "het
niet acceptabel dat bewoners van één stad elkaar niet meer kunnen
'verstaan'. Naast de opgave van minimale 'omgangsregels', is er dus
een sociaal-culturele opgave van 'cognitieve cohesie' in de stad: kennis
hebben van wat er buiten de eigen wereld gebeurt, het je kunnen
verplaatsen in andermans wereld" (VROM-Raad, 1999, p. 65).

Tegenover deze negatieve beoordeling van *gated communities* staat wat
we eerder stelden, dat hierbij ook om een aantal legitieme verlangens
lijkt te gaan: het verlangen naar meer controle over de eigen directe
leefomgeving, naar meer gemeenschapszin, naar leven onder gelijkgestemde mensen en naar meer verantwoordelijkheid, fatsoen en
wellevendheid in de publieke sfeer. Ook de VROM-Raad erkent de
noodzaak om deze wensen serieus te nemen; gedachtevorming over
het gebruik van de ruimte door verschillende groepen acht zij noodzakelijk (VROM-Raad, 1999, p. 58-59).

Bovendien zijn de implicaties van clubs voor de publieke ruimte
toch minder eenduidig dan het op het eerste gezicht lijkt, zoals we
zullen zien. Op het eerste gezicht lijkt het voor de hand liggend, naar
analogie met de geslotenheid van de *gated communities*, dat een
verschuiving van de verantwoordelijkheid voor natuur van overheid
naar clubs van burgers een verschuiving impliceert naar het natuur-
en-landschapsequivalent van de *gated community*: natuur en
landschap met een club- en dus een gesloten karakter. Maar de
Wilhelminapolder laat een meer complexe werkelijkheid zien.

Ook de Wilhelminapolder is een *club*, niet met het oog op wonen,
maar op ondernemen. Voor landbouwondernemingen geldt al sinds
mensenheugenis hetzelfde als voor *gated communities*: zij perken de
toegankelijkheid van de ruimte in. Dit verschijnsel is niet nieuw,
maar juist oud, en er lijkt op dit moment eerder een omgekeerde
tendens, tot vergroting van de toegankelijkheid, op gang te komen.

Niet nieuw is dat de maten zelf regelmatig het bedrijf bezoeken, en dat een aantal van hen de polder gebruikt om er te jagen. Maar de openheid naar buiten neemt de laatste jaren toe. Om te beginnen worden er sinds een aantal jaar jaarlijkse open dagen georganiseerd. Ook de rest van het jaar ontvangt het bedrijf een toenemend aantal belangstellende bezoekers. In de zomer van 2002 vonden voor het eerst toneelopvoeringen (in het kader van het *Zeeland Nazomerfestival*) plaats in een van de schuren van de Wilhelminapolder. Besprekingen vinden plaats op verschillende niveaus en met verschillende partners, zoals lokale overheden, over nieuwe bestemmingen van oude karakteristieke schuren, over de mogelijkheid van het vestigen van landgoederen (die openstelling vereisen), over het beheer van een oude kreek die door de polder loopt en deel uitmaakt van de Ecologische Hoofdstructuur. Kortom, de geslotenheid lijkt geleidelijk minder te worden.

Om theoretische ruimte te maken voor zulke gemengde tendensen lijkt het zinnig om verschillende soorten toegankelijkheid van elkaar te onderscheiden. De negatieve beoordeling van *gated communities* rust deels op de aanname dat de beperkingen van de toegang tot het lidmaatschap van een club direct implicaties heeft voor de toegang tot de fysieke ruimte die de club onder haar hoede heeft. Maar die twee vormen van toegankelijkheid zijn niet identiek, noch automatisch gekoppeld. Als de eigenaren van de Wilhelminapolder zouden besluiten van de polder een landschapspark te maken, inclusief bezoekerscentrum, attracties, en dergelijke, zou dat misschien leiden tot moeilijkheden met de bestemmingsplannen van de gemeente Goes en tot interessante vergelijkingen met De Efteling of de Hoge Veluwe, maar niet tot een inherente paradox. Omgekeerd kan sociale segregatie optreden zonder dat er clubs aan te pas komen, zoals de onderwijssituatie in de grote steden laat zien. Met andere woorden, relaties tussen soorten lidmaatschap, fysieke toegankelijkheid van de ruimte en sociale cohesie zijn niet eenduidig. Is het zelfs wel zo volstrekt ondenkbaar dat een *gated community* met een hoog ontwikkeld sociaal verantwoordelijkheidsbesef zich met succes inzet voor sociale integratie binnen haar poorten?

Hoewel ontoegankelijkheid dus een probleem is als ruimte door clubs wordt beheerd, doen we er goed aan te waken voor een te eenvoudige analyse. Een absolute correlatie tussen besloten clubs en fysieke afsluiting loopt spaak: als we verschillende soorten toegankelijkheid van elkaar onderscheiden ontstaan er onmiddellijk open vragen over de relaties daartussen. Het is zinnig om daarbij bijdragen uit diverse hoeken bij elkaar te brengen. Zo buigen economen zich in het voetspoor van Buchanan uitvoerig over de vraag onder welke voorwaarden private partijen publieke goederen kunnen leveren, waaronder natuur en landschap (zie b.v. Latacz-Lohmann & Van der Hamsvoort, 1998). Ook kunstenaars en architecten verdiepen zich in ruimte en toegankelijkheid. Het collectief *Multiplicity* onderzoekt bij voorbeeld hoe binnen Europa wordt omgegaan met grenzen. Oprichter Stefano Boeri stelt dat je weliswaar overal hekken, afsluitingen, toegangspoorten en beveiligingssystemen ziet, maar als je goed kijkt blijkt de werkelijkheid daaromheen vaak verrassend te zijn. "Onderzoek naar de verschillende vormen van grenzen is tegelijk een manier om nieuwe ontwikkelingen in de samenleving zichtbaar te maken", zegt hij in een interview in de NRC (Tilroe, 2003).

4. Ondoorzichtigheid: implicaties voor natuur en democratie

De roep om vermaatschappelijking van het natuurbeleid is niet een uitvinding van het huidige kabinet. Al sinds midden jaren negentig streeft het ministerie van Landbouw, Natuur en Voedselkwaliteit (LNV) naar een zekere verbreding van het natuurbeleid. Dit als reactie op de maatschappelijke weerstand tegen de autoritaire manier waarop de regering haar ambitieuze *Natuurbeleidsplan* (hierna NBP) uit 1990 probeerde te implementeren. In haar rapport *Ruimtelijke ontwikkelingspolitiek* (1998) spreekt de WRR in dit verband over "een schoolvoorbeeld van klassieke top-down-planning" (p.137). Zo'n hiërarchische planning bleek niet meer te werken. Uitvoering van het NBP stuitte alom op verzet van de kant van boeren en bewoners. Als oplossing voor dit draagvlak-probleem werd voorgesteld om *top down*-planning te combineren met *bottom up*-planning. De behoefte aan verbreding van het draagvlak voor natuurbeleid komt tot uiting in de nota *Natuur voor mensen, mensen voor natuur* (Ministerie van LNV, 2000). In de nota wordt behalve aan de intrinsieke waarden die tot nu toe in het beleid centraal stonden ook aandacht gegeven aan belevings- en gebruikswaarden van natuur.

Deze verbreding van het natuurbeleid maakt deel uit van een trend die het laatste decennium in veel West-Europese landen geleidelijk zichtbaar is geworden: de verschuiving van publieke naar semi-publieke en particuliere organisaties en van *command and control* naar contract en convenant. Het openbaar bestuur is meer en meer vervlochten geraakt met marktpartijen en maatschappelijke organisaties. Er heeft tegelijk een vermarkting en vermaatschappelijking van beleid plaatsgevonden. De vermarkting van het natuurbeleid komt onder andere naar voren in de oprichting van een bureau voor PPS (Publiek-Private Samenwerking) door LNV. Ook bij SBB heeft het thema van 'groen ondernemerschap' aan belang gewonnen. Eén van de manieren waarop SBB handen en voeten geeft aan de vermaatschappelijking van beleid is gebruikersparticipatie, waarin mensen en groepen meedenken over het beleid.

De vermaatschappelijking van de besluitvorming heeft de complexiteit van de besluitvorming vergroot en de doorzichtigheid verkleind. Open vragen bestaan onder meer rond de gevolgen van ondoorzichtige besluitvorming voor het natuurbeleid en rond de democratische legitimiteit ervan. Laten we deze kwesties achtereenvolgens bekijken.

Als gevolg van de vervlechting van staat, markt en *civil society* is het aantal betrokken actoren verveelvoudigd, vandaar dat bestuurskundigen ook wel van *multi-actor governance* spreken. Hierdoor wordt het hele beleidsproces een stuk gecompliceerder. Die complexiteit blijkt nog groter te zijn wanneer we ook nog een andere ontwikkeling in de beschouwing betrekken. Tegelijk met de *horizontale* verschuiving van de staat naar markt en maatschappij heeft er namelijk ook een *verticale* verschuiving plaatsgevonden: de verschuiving van het nationale bestuursniveau naar lagere én hogere niveaus (Van Kersbergen & Van Waarden, 2001). Een voorbeeld van de verschuiving van de nationale naar de regionale overheid is de Decentralisatie-Impuls van 1994. Sinds het hieruit voortvloeiende IPO/LNV convenant van 1997 is de provincie de verantwoordelijke instantie voor de realisering van de EHS. Een voorbeeld van de verschuiving naar het bovennationale niveau is de 'europeanisering' van het natuurbeleid. Op een conferentie van Europese ministers, gehouden te Sofia in 1995, werd goedkeuring gegeven aan de 'Pan-European Biological and Landscape Diversity Strategy', waarin de creatie van een Pan-Europees Ecologisch Netwerk (PEEN) centraal staat. Het PEEN omvat het *Natura 2000* netwerk van de Europese Unie, dat in 1992 werd vastgelegd via de Habitat-richtlijn, en het zogenaamde *Emerald* netwerk van niet-EU landen die de Conventie van Bern tekenden. De EU heeft in juli 2003 de 141 Habitatrichtlijngebieden goedgekeurd die Nederland had aangemeld. Voor deze gebieden gelden specifieke beschermingsverplichtingen.

Terwijl de horizontale verschuiving met een vermenigvuldiging van actoren gepaard gaat, impliceert de verticale verschuiving dat actoren tegelijk op verschillende bestuurlijke niveaus vertegenwoordigd moeten zijn - bestuurskundigen spreken in dit geval van *multi-level governance*. Beleid, inclusief natuurbeleid, neemt zodoende trekken van simultaanschaak aan.

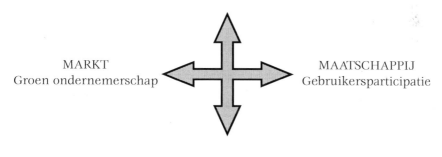

<table>
<tr><td></td><td>EUROPA
Natura 2000/Emerald netwerk</td><td></td></tr>
<tr><td>MARKT
Groen ondernemerschap</td><td></td><td>MAATSCHAPPIJ
Gebruikersparticipatie</td></tr>
<tr><td></td><td>PROVINCIE
IPO/LNV Convenant</td><td></td></tr>
</table>

Als gevolg van deze horizontale en verticale 'verplaatsing van de politiek' moet de nationale overheid zich steeds meer inlaten met het bedrijfsleven (de markt) en met maatschappelijke organisaties (de *civil society*) en moet ze tegelijk in toenemende mate rekening houden met hogere en lagere bestuursorganen. Deze situatie heeft allerwegen geleid tot experimenten met uiteenlopende vormen van interactief beleid ('co-management', 'netwerksturing', enzovoort) (Glasbergen, 1998).

Over de resultaten hiervan bestaat geen duidelijkheid. Enerzijds wordt dit nieuwe beleid verwelkomd omdat het recht doet aan de belangen van alle betrokkenen en vanwege de integratie van natuurbeleid met andere beleidsvelden. Anderzijds wordt er geklaagd over de verdunning van de oorspronkelijke natuurdoelen, zowel in kwantitatief opzicht (aantal hectare) als in kwalitatief opzicht (soort natuur). Zo wordt in een recent rapport van SBB verzucht dat tegenwoordig alle groen natuur heet (Schouten & Van Ool, 2003).

Een zoektocht naar democratische legitimiteit
Twijfels bestaan niet alleen ten aanzien van de gevolgen van het nieuwe participatieve beleid voor de natuur, maar ook ten aanzien van de democratische legitimiteit van de besluitvorming. Terwijl sommigen dit beleid zien als triomf van lokale democratie, wordt het door anderen juist als een bedreiging voor de democratie ervaren.

Zoals de WRR in het eerder genoemde rapport *Ruimtelijke ontwikkelingspolitiek* heeft vastgesteld, vertoont het huidige beleid sterk *neocorporatistische* trekken, waarbij de overheid voor haar plannen in toenemende mate steun zoekt bij goed georganiseerde belangen. Ter vergroting van het maatschappelijk draagvlak worden burgers door de overheid in de eerste plaats aangesproken als zaakwaarnemers van een specifiek belang, bijvoorbeeld als boer, natuurbeschermer, recreant of ondernemer. Dat brengt met zich mee dat mensen zich als onbuigzame onderhandelaars zullen opstellen, die er voor zichzelf en hun achterban het beste uit willen slepen, met als onbedoeld effect dat de standpunten niet zelden verharden (Keulartz et al., 2002).

Bovendien brengt deze nadruk op belangenbehartiging het gevaar van ondemocratische machtsvorming met zich mee. Belangengroepen en maatschappelijke bewegingen, die zich als publieke zaakwaarnemers opwerpen, oefenen hun zelfverkozen mandaat immers uit zonder de waarborg van formele procedures voor de representativiteit en standpuntbepaling.

In een neo-corporatistische beleidscultuur komen inhoudelijke discussies nauwelijks van de grond en ligt het zwaartepunt op strategische onderhandelingen. De uitkomst van dergelijke onderhandelingen wordt niet alleen bepaald door de kracht van argumenten maar is ook en bovenal afhankelijk van de machtsmiddelen waarover de verschillende partijen beschikken.

Dit beeld is nog onvolledig omdat het de rol van de moderne ambtenaar buiten beschouwing laat. De macht heeft zich niet alleen verplaatst van politiek en parlement naar de grote belangengroeperingen maar ook naar de ambtelijke voorportalen en beleidsnetwerken. Op tal van terreinen zijn het soms maar een handjevol beleidsambtenaren die samen met enkele maatschappelijke organisaties de samenleving vormgeven (Bovens et al., 1995, p. 15). Experimenten met participatieve beleidsvorming worden daardoor soms gezien als evenzoveel pogingen van zittende elites om door slim management te zorgen voor consensus en draagvlak en zo te anticiperen op mogelijk verzet van burgers. Die verdenking is niet helemaal ongegrond, omdat in menig project het accent eerder ligt op de effectiviteit van bestuur dan op een versterking van de lokale democratie. Daardoor overheerst soms het beeld dat interactieve beleidsontwikkeling vooral een door ambtenaren geïnitieerde technocratische benadering van beleid is, waar de geur van achterkamertjespolitiek omheen hangt (Akkerman et al., 2000).

Deze kritiek is in potentie van toepassing op veel vormen van interactieve beleidsontwikkeling waarmee momenteel op lokaal niveau druk geëxperimenteerd wordt, bijvoorbeeld in de vorm van gebruikersparticipatie. Of zulke legitimiteitsproblemen, in de vorm van een slimme constructie van draagvlak dan wel van machtsconcentratie bij lokale belangencoalities, aan de orde zijn in de gebruikersparticipatie bij SBB, is moeilijk te beoordelen, precies omdat ook deze besluitvorming weinig doorzichtig is.

In de discussie over nieuwe vormen van democratie kunnen twee oplossingsrichtingen worden onderscheiden, die corresponderen met twee verschillende opvattingen van democratie. In de ene opvatting wordt een zo direct en proportioneel mogelijke representatie van burgers in staatsorganen bepleit, teneinde de wens van de meerderheid van de bevolking in de politieke besluitvorming zo goed mogelijk te kunnen honoreren. In de andere opvatting wordt de kwaliteit van een democratie juist afgemeten aan de mate waarin de rechten van minderheden gewaarborgd zijn. Om het gevaar van een mogelijke 'tirannie van de meerderheid' het hoofd te bieden, ligt in deze opvatting het accent op een strikte scheiding van machten, gecombineerd met een uitgebreid systeem van *checks and balances*.

De aanhangers van de eerste opvatting, waaronder de leden van de Raad voor het openbaar bestuur (Rob), hebben in toenemende mate te kampen met een ernstig geloofwaardigheidsprobleem. Zeker wanneer ook de (door Nederlandse politici en beleidsmakers dikwijls stiefmoederlijk behandelde) Europese dimensie in de beschouwing betrokken wordt, lijkt hun streven om het primaat van de representatieve democratie zoveel mogelijk te handhaven of te herstellen inmiddels gespeend van de nodige realiteitszin.

De aanhangers van de tweede opvatting van democratie kampen in zekere zin met het omgekeerde probleem. Hun voorstellen getuigen onder de huidige omstandigheden van meer realiteitszin dan die van de voorstanders van een onvoorwaardelijk primaat van de representatieve democratie. Zij laten zich immers niet leiden door de gedachte dat er slechts één enkel ideaal model van democratie zou bestaan maar koesteren juist de voorstelling van een grote verscheidenheid van bestuurlijke arena's en politieke fora met uiteenlopende vormen van vertegenwoordiging en verantwoording. Maar door gebrek aan transparantie kan de democratische legitimiteit van besluiten gevaar lopen, inderdaad de beruchte 'achterkamertjespolitiek'.

Het is dan ook een open vraag hoe de democratische transparantie en legitimiteit van de nieuwe beleidsvormen kan worden verhoogd zonder verlies van bestuurlijke effectiviteit. Hoe ziet het systeem van *checks and balances* eruit dat kan zorgen voor een nieuw evenwicht tussen de verschillende vormen van politieke vertegenwoordiging en publieke verantwoording waarmee het best aan de gecombineerde eisen van effectiviteit en legitimiteit tegemoet gekomen kan worden?

5. Hé jullie daar! Groene dienstplicht als experiment

Ons uitgangspunt was dat een overheid die medeverantwoordelijkheid voor natuur en landschap wil bevorderen het niet moet laten bij vrijblijvende oproepen, maar iets zal moeten doen om verantwoordelijkheid effectief te organiseren. Laten we zien waar de voorbeelden en beschouwingen ons inmiddels hebben gebracht.

De voorbeelden hadden tot doel een aantal verschillende min of meer effectieve manieren te inventariseren voor het mobiliseren van gezamenlijke verantwoordelijkheid. Vervolgens hebben we deze manieren bezien in het licht van andere criteria: toegankelijkheid van de ruimte en doorzichtigheid van de besluitvorming. Als we na deze exercitie een stap terug doen valt niet aan de indruk te ontkomen dat besloten clubs en ondoorzichtige participatieve besluitvorming iets gemeen hebben: in beide gevallen hebben burgers de neiging hun macht, de macht van eigendom dan wel de macht van invloed op besluitvorming, te gebruiken in hun eigen voordeel. Zij zonderen zich af in mooie of veilige gebieden, zij zorgen ervoor dat een natuurgebied zoveel mogelijk volgens hun wensen wordt ingericht, enzovoort.

Dat impliceert niet dat we zulke vormen van medeverantwoordelijkheid verder moeten vergeten. Er vallen *checks en balances* te ontwerpen om aan lokale vormen macht randvoorwaarden en tegenwichten te verbinden. Bovendien zijn de problemen die we hebben gesignaleerd geen ijzeren natuurwetten: sociale ontwikkelingen zijn complex en soms paradoxaal, en de vele experimenten die plaatsvinden, zowel op het gebied van lidmaatschap, ruimte en grenzen als van besluitvorming, helpen nieuwe denkkaders en instituties te ontwerpen.

Maar als de overheid de bevordering van medeverantwoordelijkheid wil koppelen aan het bevorderen van de kwaliteit van de publieke ruimte, dan bevelen we met evenveel plezier het oude recept van sociale dienstplicht aan (subvorm groene dienstplicht). Het is misschien een duveltje uit een wat verkleurd doosje, maar het is het enige van onze voorbeelden van georganiseerde verantwoordelijkheid waar ontoegankelijkheid en ondoorzichtigheid in principe niet voor bezwaren zorgen. Omdat de overheid hier zelf de regisseur is, kan ze de invulling in overeenstemming brengen met democratisch vastgesteld beleid en richten op publieke belangen zoals openbare toegankelijkheid van de ruimte. De overheid doorbreekt hiermee bovendien de afwachtende positie die het plaatsen van moreel geladen oproepen tot medeverantwoordelijkheid met zich meebrengt.

Sociale dienstplicht is een maatregel waarbij iedereen op enig moment wordt aangesproken als degene met het rode jack, zelfs in de kraag van dat jack wordt gegrepen. Het is een vorm van dwang, en daardoor problematisch wanneer individuele vrijheid het hoogste criterium is. Maar juist als individuele vrijheid te weinig in balans is met zorg en verantwoordelijkheid voor de samenleving, ontstaat er ruimte voor het veelbesproken ongebreidelde consumentisme. En als we ons realiseren dat er ook een schoolplicht bestaat, waarom zouden we sociale dienstplicht dan moeten zien als een draconische maatregel?

Ons lijkt sociale dienstplicht, inclusief een groene vorm daarvan, de moeite van het proberen waard.

Literatuur

Akkerman, T. et al (2000). Interactive policy making as deliberative democracy? Learning from new policy practices in Amsterdam. *The Convention of the American Political Science Association.* Washington DC.

Bovens, M. et al. (1995). *De verplaatsing van de politiek. Een agenda voor democratische vernieuwing.* Amsterdam: Wiardi Beckman Stichting.

Blakely, E & M. Snyder (1997). *Fortress America.* Washington D.C.: Brookings Institution Press.

Crollius, M.R. (2002). *Gebruikersparticipatie bij het Staatsbosbeheer nu en in de toekomst.* Wageningen: Afstudeeronderzoek Wageningen UR, C150-702.

Davis, M. (1990). *City of Quartz: Excavating the Future of Los Angeles.* London: Verso.

Eindhovens Dagblad (2003). Rode kruis wil ´Sociale dienstplicht`. *Eindhovens Dagblad*, 1 maart.

Glasbergen, P., Ed. (1998). *Co-operative environmental governance. Public-private agreements as a policy strategy.* Dordrecht: Kluwer Academic Publishers

Hajer, M & F. Halsema, red. (1997). *Land in zicht! Een cultuurpolitieke visie op de ruimtelijke inrichting.* Amsterdam: Wiardi Beckman Stichting/Bert Bakker.

Husemann, Jonathan & George Marlet (2003). Zoiets van bovenaf verplicht stellen werkt niet. *Trouw*, 26 juli.

InnovatieNetwerk Groene Ruimte en Agrocluster (2003). *Sociaal-culturele aspecten van groene ruimte en voeding.* Den Haag: Rapport 03.2.034.

Jongh, A.M. de, *et.al.* (1996): *De Wilhelminapolder; een beeld van een grootlandbouwbedrijf.* Goes: De Koperen Tuin.

Keulartz, J. et al. (2002). 'Natuurbeelden en natuurbeleid'. *Filosofie & Praktijk* 23, 1, pp. 3-20.

Kersbergen, K. van & F. van Waarden (2001). *Shifts in governance: Problems of legitimacy and accountability.* The Hague: Social Science Research Council.

Latacz-Lohmann, U., & C.P.C.M. van der Hamsvoort (1998). Auctions as a means of creating a market for public goods from agriculture. *Journal of Agricultural Economics* 49, 3, pp. 334-345.

Ministerie van LNV (2000). *Natuur voor mensen, mensen voor natuur: Nota natuur, bos en landschap in de 21ste eeuw.* Den Haag: Ministerie van Landbouw, Natuurbeheer en Visserij.

Myers, David G. (2002): *Social Psychology* 7/E. Boston: McGraw Hill.

Raad voor het Openbaar Bestuur (2002). *Primaat in de polder. Nieuwe verbindingen tussen politiek en samenleving.* Den Haag.

SBB (2001). *Handreiking gebruikersparticipatie.* Driebergen: Brochure Staatsbosbeheer.

SBB (2003). *Jaarverslag 2002.* Driebergen: Staatsbosbeheer.

Schouten, M. & M. van Ool (2003): *Werken met waarden bij Staatsbosbeheer; Natuurbehoud als beschavingsnorm.* Driebergen: Staatsbosbeheer.

Smith, Eliot R. & Diane M. Mackie (2000): *Social Psychology* 2/E. Philadelphia: Psychology Press.

Tilroe, A. (2003). De weg van de wet. *NRC*, 4 juli.

VROM-Raad (1999). *Stad en wijk: verschillen maken kwaliteit.* Den Haag.

Walzer, M. (1983). *Spheres of Justice. In Defence of Pluralism and Equality.* New York: Basic Books.

Webster, C. (2001). Gated Cities if To-morrow. In: *Town Planning Review* 72, 2, pp. 149-169.

Wouden, R. v.d. (1999). De ruimte van de burger. In: R. v.d. Wouden (red.), *De stad op straat. De openbare ruimte in perspectief.* Den Haag: Sociaal en Cultureeel Planbureau 27, pp. 105-127.

WRR (1998). *Ruimtelijke ontwikkelingspolitiek.* Den Haag: Wetenschappelijke Raad voor het Regeringsbeleid.

9. Markt voor natuur

Paul Levelink en Peter Nijhoff

De afgelopen decennia is de aandacht voor natuur aanzienlijk toegenomen. Desondanks is er iets mis met de positie van natuur bij afwegingsprocessen. Ook de uitvoering van het natuurbeleid verloopt niet zonder hindernissen, ondanks alle inspanningen voor een breder draagvlak. In brede kring bestaat de overtuiging dat zowel vergroting als verbreding van de betrokkenheid vanuit de samenleving noodzakelijk zijn om hierin verandering te brengen. Dergelijke inzichten hebben bij het rijk al geleid tot verschillende aanpassingen in het beleid die in juli 2000 door staatssecretaris Faber van het ministerie van Landbouw, Natuur en Voedselkwaliteit (LNV) zijn vastgelegd in de nota *Natuur voor mensen, mensen voor natuur* (hierna NvMMvN). De aandacht voor de vermaatschappelijking van natuur via de 'Operatie Boomhut' en de ontwikkelingsgerichte landschapsstrategie zijn hiervan voorbeelden. Ook is de laatste jaren getracht via meer of minder experimentele vormen van uitvoering te komen tot een soepeler beleidsrealisatie. Desondanks laten de positie van natuur en de voortgang van het natuurbeleid nog te wensen over.

Om dit te ondervangen richt de rijksoverheid haar aandacht nu meer en meer op het realiseren van medeverantwoordelijkheid bij andere overheden, maatschappelijke organisaties en particulieren. Dit streven vindt langzaam maar nog niet voldoende weerklank. Blijkbaar zijn er belangrijke belemmeringen die overwonnen moeten worden. Om verantwoordelijkheid voor natuurbeleid en -beheer te realiseren is een systematischer inzicht in de knelpunten, de daaronder liggende processen en structuren én de perspectieven en mogelijkheden om deze te veranderen nodig. Om deze aspecten in beeld te brengen zullen wij nader ingaan op de actuele positie van natuur en natuurbeleid binnen overheid en samenleving, de belemmeringen en kansen voor het dragen van medeverantwoordelijkheid identificeren en voorstellen doen om medeverantwoordelijkheid te realiseren.

1. De actuele positie van natuur en natuurbeleid

Om belemmeringen voor het realiseren van medeverantwoordelijkheid te identificeren, is inzicht gewenst in de actuele positie van natuur in de samenleving en in politiek en bestuur. Deze onderwerpen komen in deze paragraaf aan de orde. Naast de verschillende aspecten van draagvlak en participatie, komen ook de oorzaken en achtergronden van weerstanden tegen natuurbeleid of daarmee samenhangende initiatieven aan de orde. Ten slotte gaan auteurs in op de rol van het 'draagvlak' in het natuurbeleid.

Natuur en natuurbeleid in de samenleving
Onderzoek naar de positie van natuur in de Nederlandse samenleving toont aan, dat Nederlanders zich sterk betrokken voelen bij de natuur. Voor veel mensen is natuur een belangrijke waarde, maar tegelijkertijd pakken zij het begrip heel breed en wisselend op. Natuur varieert van weiland tot Waddenzee en van huismus tot hamster. Zelfs rust, ruimte, stilte, duisternis en frisse lucht rekenen wij vaak tot de natuur. Natuur is iets nastrevenswaardigs; een actief natuurbeleid wordt daarom vrij algemeen toegejuicht.

De maatschappelijke betrokkenheid manifesteert zich onder andere in de vier miljoen leden en donateurs van natuurbeschermingsorganisaties. Dat legitimeert mede de rol die deze organisaties spelen als belangenbehartigers voor natuur bij de vormgeving en uitvoering van het natuurbeleid. Deze delegatie van beleidsmatige en bestuurlijke zorg aan organisaties is kenmerkend voor de participatieve democratie die Nederland is. Het project Nederland-Gruttoland van Vogelbescherming Nederland, Landschapsbeheer Nederland en BoerenNatuur Nederland vormt daarvan een goed voorbeeld.

Maar uit het persoonlijk handelen spreekt niet altijd een werkelijk consequente zorg voor natuur. Het dagelijkse gedrag van burgers vertoont tal van inconsequenties bij het omzetten van betrokkenheid in daadwerkelijk duurzaam en natuurvriendelijk gedrag. Men hecht grote waarde aan natuur, maar ook daarmee strijdige behoeften en bezigheden zijn populair. In de praktijk krijgen materiële zaken die direct samenhangen met het eigenbelang, zoals mobiliteit en consumptie, vaak voorrang. Niet iedereen beseft de betekenis van het eigen handelen in relatie tot de zorg voor collectieve waarden. De vaststelling van Nieuwhof in de Telegraaf (1 april 2003) waaruit blijkt dat bijna tweederde van de Nederlandse bevolking niet bereid zegt te zijn om zijn vakantiegedrag aan te passen omwille van het milieu, vormt daarvan een illustratie. Dergelijke individuele of korte termijnbelangen spelen een belangrijke rol bij weerstand tegen beleid of concrete projecten. Dit Nimby-achtige gedrag maakt een actieve overheid ten behoeve van het algemeen belang van de natuur gewenst.

De grote betrokkenheid en de brede erkenning van de wenselijkheid van een actief natuurbeleid heeft in de praktijk niet zonder meer brede steun voor het huidige natuurbeleid tot gevolg. In veel gevallen herkent men zich maar ten dele in de scherpe prioriteitsstelling van 'ecologische' natuurdoelen. Daarmee samenhangende beleidsvoornemens of instrumenten roepen bij bepaalde groepen een zekere terughoudendheid of zelfs weerstand op, met name omdat men zich in zijn individuele keuzevrijheid beperkt ziet.

Een deel van de samenleving heeft weinig vertrouwen in de overheid of staat kritisch tegenover haar rol als hoeder van natuur. Deels speelt het eigenbelang en deels ook de beeldvorming ten aanzien van het overheidsbeleid een rol. Zowel de voor natuur ongunstige overheidsbeslissingen als schadelijke handelingen door derden zijn voor de individuele burger een belemmering om de zorg voor natuur binnen het eigen doen en laten een hoge prioriteit te geven en het natuurbeleid van de overheid actief te ondersteunen.

Natuur in politiek en bestuur
De politieke aandacht voor natuur is de afgelopen decennia aanzienlijk toegenomen. Desondanks krijgt het belang van natuur in afwegingsprocessen en bij besluitvormingsprocedures onvoldoende gewicht. Natuur en natuurbeleid maken onvoldoende deel uit van het denken en doen van politici en overheden, waaronder ambtelijke diensten en bestuursorganen. Enkele waarnemingen met betrekking tot de positie van natuur in politiek en bestuur maken dit duidelijk.

De maatschappelijke basis voor het natuurbeleid bestaat uit de bereidheid van de Nederlandse samenleving verantwoordelijkheid voor de natuur te nemen. Die bereidheid wordt omgezet in politieke besluiten en daarop gebaseerd beleid, wetten en regels, inclusief internationale verdragen en richtlijnen. Zowel overheid als burgerij worden geacht zich te binden aan dit op democratische wijze overeengekomen beleid. Gewenste of noodzakelijke bijstellingen vergen opnieuw politieke besluitvorming.

Incidenten rond bijvoorbeeld de toepassing van de bepalingen uit de Europese Habitat-richtlijn voor bedreigde diersoorten zoals de korenwolf en de kamsalamander maken duidelijk dat dit besef van gebondenheid in de praktijk bij bedrijfsleven, ambtenaren en politici niet altijd voldoende is verankerd. Uitstel van de implementatie van beschermingsclausules of afweegformules en bestuurlijke nonchalance bij de doorwerking van richtlijnen, leiden bij de realisering van concrete projecten in een laat stadium tot 'onverwachte' knelpunten. Met deze handelwijze draagt de overheid bij aan een onjuiste beeldvorming bij de burgers over de aard en achtergronden van het natuurbeleid. Het beeld van een overheid die als het gaat om het realiseren van eigen beleid niet doet wat zij zelf zegt.

Natuur en het draagvlak voor natuur vergen continuïteit en zekerheid, maar het natuurbeleid zelf wordt gekenmerkt door een grote dynamiek. Gebiedscategorieën, instrumenten, geldstromen en organisatiestructuren wijzigen met grote regelmaat. Soms met het oog op inhoudelijke verbeteringen, maar vaak spelen politiek-strategische overwegingen een rol. De beleidsverantwoordelijke wil zich profileren of voelt zich gedwongen met vernieuwingen te komen, bijvoorbeeld omdat daarvoor gemakkelijker extra middelen worden verkregen dan voor bestaand beleid. De onduidelijkheden, onzekerheden en problemen die daardoor bij maatschappelijke partners en andere overheden ontstaan, zetten het draagvlak voor het beleid onder druk. Ook bestaat bij overheden aarzeling om voor te gaan in experimenten. Die huiver komt niet alleen voort uit financiële overwegingen maar ook uit de vrees later met Brussel problemen te krijgen. Een kritische bezinning op de vormgeving van politieke dadendrang, de automatismen bij de bevoordeling van nieuw beleid en een meer welwillende houding ten opzichte van experimenten is dan ook gewenst.

De zorg van de overheid voor natuur kan leiden tot het nemen van beleidsbeslissingen die conflicteren met andere belangen. Het raakt de vrijheidsgraden van iemands handelen of ontwikkelingsmogelijkheden. Dit gegeven heeft in onze moderne, op vrijheid, groei en zelfontplooiing georiënteerde samenleving grote invloed op de acceptatie van het beleid door betrokkenen. Ook bij mede-overheden of nietbelanghebbenden roepen bepaalde beleidsvoornemens hierdoor soms weerstand of ten minste terughoudendheid op. De kreet 'heel Nederland gaat op slot' naar aanleiding van de aanwijzing van Habitat-/Vogelrichtlijngebieden, illustreert dit mechanisme en de beeldvorming die over sommige onderdelen of instrumenten van het natuurbeleid bestaat.

Bovendien is de keuze voor natuur in de huidige bestuurscultuur veelal niet populair. Onder verwijzing naar economische groei, ruimte, draagvlak of werkgelegenheid worden de 'randen van de nacht' gezocht. Prioriteiten worden bijgesteld, aantastingen gedoogd of natuurdoelen of -plannen aangepast, dat wil zeggen afgezwakt. Deze negatieve voorbeeldwerking maakt de burger sceptisch ten aanzien van de doelen en intenties van de overheid met betrekking tot natuur.

Er is onder bestuurders en politici sprake van een groot optimisme over de mogelijkheden van natuurontwikkeling, zonder dat er veel zicht bestaat op de realiteitswaarde van dat vertrouwen. Bij projecten en besluiten ten koste van de bestaande natuur gaat de aandacht van bestuurders al snel naar het kwantitatieve aspect, de compensatie. Kwaliteit krijgt minder aandacht. Kwaliteit vergt tijd, is onzeker en vaak niet aan één specifiek besluit toe te schrijven. Het is dan ook niet verwonderlijk dat, hoewel de oppervlakte natuurgebied weer langzaam groeit, de kwaliteit van de natuur in termen van ecologische verscheidenheid en biodiversiteit nog steeds achteruit gaat.

'Draagvlak' verschilt naar beleidsfase en overheidsniveau
Maatschappelijk draagvlak voor natuur neemt een belangrijke plaats in bij afwegingen voor en besluitvorming over natuurbeleid. Ondanks de grote waarde die er politiek en bestuurlijk aan wordt gehecht, heeft het begrip echter geen eenduidige betekenis.

Draagvlak is volgens 'Van Dale': "ondersteuning, goedkeuring door de gemeenschap". In de praktijk heeft dit begrip vaak een situatiespecifiek karakter, aangezien de mate van ondersteuning en goedkeuring door de gemeenschap van geval tot geval kan verschillen.

De overheid houdt in de beleidsvoorbereidende fase onvoldoende rekening met dit situatiespecifieke karakter. Zij tracht door het betrekken van overlegpartners uit maatschappelijke en brancheorganisaties consensus te bereiken. Deze consensus staat voor de overheid gelijk aan voldoende maatschappelijk draagvlak. De vraag of deze overlegpartners de gemeenschap daadwerkelijk representeren, wordt echter zelden gesteld. Het draagvlak blijkt in de praktijk veelal minder groot te zijn dan verondersteld. In combinatie met het gegeven dat draagvlak in het algemeen ook variabel is naar tijd, plaats en ruimte, levensfase, economische welvaart en zakelijke of persoonlijke betrokkenheid, kan dat een juiste inschatting behoorlijk compliceren.

In de realisatiefase van het beleid meet de overheid het draagvlak veelal af aan de weerstand in de lokale gemeenschap. Dit hangt samen met de inrichting van ons rechtsstelsel, dat functioneert als 'piepsysteem'. Individuen of groepen die zich in hun belang geschaad achten, kunnen protest aantekenen of in beroep gaan. Voor adhesiebetuigingen bestaan daarentegen géén procedurele kaders. Daardoor blijft dít aspect onderbelicht en wordt de weerstand van direct in hun belang getroffen insprekers ten onrechte de maatstaf. De onredelijkheid daarvan is groter naarmate meer bovenlokale belangen in het geding zijn. Dan wordt van het politieke bestuur ruggengraat vereist omdat het brede maatschappelijk belang niet identiek is met de optelsom van individuele belangen.

Voor een beter begrip van de positie en prioriteit van natuur(beleid) binnen de verschillende bestuurslagen moet ook gekeken worden naar de verschillen in het maatschappelijke krachtenveld waarbinnen zij functioneren. Langs de reeks rijk - provincie - gemeente - waterschap is er noodzakelijkerwijs sprake van versmalling van de referentie 'samenleving' en dus van het begrip maatschappelijk belang. Parallel daaraan neemt het lokale en/of individuele belang in omvang en concreetheid toe. Ook wordt de directe betrokkenheid van de bestuurder bij individuele leden of groepen uit de samenleving groter. Voor het natuurbeleid heeft dit twee consequenties:

- De veelal op lokale of individuele Nimby-motieven gebaseerde weerstand bij implementatie en uitvoering wordt vaak misverstaan als 'gebrek aan maatschappelijk draagvlak', terwijl dat draagvlak er wel is maar élders gezocht moet worden. Zeker als het gaat om natuurdoelen van (inter)nationaal belang is een breed maatschappelijk draagvlak voor doorwerking van deze belangen in bestuurlijke afwegingen en besluitvorming noodzakelijk.
- Bij gemeenten zal men 'maatschappelijk belang' vooral willen betrekken op het belang van de lokale of regionale gemeenschap. Daardoor is men geneigd alle natuurdoelen - ook die van (inter)-

nationaal belang - in die lokale context te plaatsen en min of meer gelijkwaardig af te wegen tegen de lokaal georiënteerde belangen en/of opvattingen van belanghebbenden. Die werkwijze kan in geval van doelen van uitsluitend regionaal of lokaal belang bijdragen aan de kwaliteit en het draagvlak. In deze gevallen is het onnodig of zelfs ongewenst dat de centrale overheid zich nadrukkelijk en direct bemoeit met afwegingen en uitvoering. Dat kan het draagvlak aantasten en onnodige weerstand oproepen. Maar als het gaat om natuurdoelen van (inter)nationale betekenis, moet daaraan een ander, zwaarder gewicht worden toegekend. Besluitvorming op een hoger bestuursniveau met een bindende werking naar de lokale overheden ligt dan meer voor de hand.

2. Belemmeringen voor medeverantwoordelijkheid

De positie die natuur en natuurbeleid heeft in de Nederlandse samenleving en bij politici en bestuurders leiden tot een aantal belemmeringen voor het realiseren van medeverantwoordelijkheid voor natuur. Zonder uitputtend te willen zijn zullen vier belangrijke belemmeringen hier de revue passeren.

Spanning tussen collectief en individueel belang
Er is een structurele spanning tussen de op basis van een breed maatschappelijk natuurbesef gemaakte afspraken over doelen en middelen (de theorie) en de praktijk. Die praktijk is weerbarstig. Dit blijkt onder andere uit de case recreatie en natuur. Enerzijds hecht de Nederlander aan de collectieve waarde van een mooi landschap, hij wil genieten van de natuur met veel rust en ruimte. Uit onderzoek van Toerisme Recreatie Nederland blijkt echter, dat de individuele burger/recreant zich weinig verantwoordelijk voelt voor de kwaliteit van de omgeving. Dit onderzoek laat zien, dat slechts weinig mensen bereid zijn hun vakantiegedrag aan te passen voor behoud van die mooie natuur waarvan ze genieten. Recreanten willen bijvoorbeeld wel het afval scheiden als zij dat direct bij hun vakantiehuisje kunnen doen. Zodra ze 100 meter moeten lopen is het alweer te veel gevraagd. Men is van mening dat vooral anderen bijdragen aan de vervuiling van de natuur en de omgeving. Zwerfvuil wordt door anderen veroorzaakt en een groot deel van de respondenten is niet bereid zijn vakantie-

gedrag aan te passen omwille van het milieu. Vooral anderen moeten dat doen (Telegraaf, 1 april 2003).

De individuele burger en de samenleving als geheel gedragen zich vaak inconsequent als het gaat om het verbinden van consequenties aan de gemaakte afspraken rond de zorg voor natuur. Individuele en meer op de korte termijn gerichte belangen vragen en krijgen vaak prioriteit boven de collectieve waarden en het belang van de lange termijn. Dit veroorzaakt een permanente spanning tussen het brede draagvlak voor natuurbeleid in algemene zin en de daarmee strijdige, meer lokale en de kortere termijnbelangen op uitvoeringsniveau. Het gevolg is dat het vastgestelde natuurbeleid in een vaak onwillige maatschappelijke en politieke omgeving moet worden geëffectueerd.

Dezelfde spanning is ook zichtbaar bij de verschillende over-heidsniveaus. Parallel aan genoemde reeks rijk - provincie - gemeente - waterschap neemt het lokale en/of individuele belang in omvang en concreetheid toe. Ook wordt de directe betrokkenheid van de bestuurder bij individuele leden of groepen uit de samenleving groter. Dit heeft tot gevolg dat het brede maatschappelijke draagvlak voor natuur op nationaal niveau in veel gevallen onvoldoende doorwerkt bij afwegingen en besluitvorming op regionaal en lokaal niveau.

Onduidelijkheid in doelstellingen, taken en verantwoordelijkheden
Taak en rolverdeling tussen overheden onderling en met andere partijen is in algemene termen geformuleerd, terwijl de betrokkenen meer specifieke ideeën hebben over wie, wat, waar, waarom, met welk doel en met welk perspectief moet realiseren. De bestaande beleids-documenten en decentralisatie overeenkomsten laten ruimte voor verschil in interpretatie, hetgeen aanleiding geeft tot doelstellingen-discussies, competentiestrijd en beleidsconcurrentie.

De case 'Wie zorgt er voor de Grutto', die de verdeeldheid van meningen over wie nu verantwoordelijk is voor het herstel en behoud van de grutto zichtbaar maakt, vormt hiervan een goede illustratie. Het centrum voor Landbouw en Milieu (CLM) pleit ervoor die zorg in te passen in agrarisch natuurbeheer onder verantwoordelijkheid van boeren en vrijwilligers. Natuurmonumenten is van mening, dat de grutto niet zonder koeien en dus boeren kan. Zij past agrarisch beheer in natuurbeheer in, rekent dit tot de verantwoordelijkheid van natuur-beschermingsorganisaties en incorporeert het in de eigen doelstel-lingen. Dit soort verdeeldheid doet afbreuk aan de beeldvorming over de betekenis van het natuurbeleid en aan het draagvlak voor maatregelen en projecten.

Beperkte verinnerlijking van natuurbeleid
De nog beperkte verinnerlijking van natuur en natuurbeleid bij bestuurders en het overheidsapparaat is een belangrijke hindernis bij de uitwerking en doorwerking van het natuurbeleid. De politiek-bestuurlijke prioriteit die natuur en natuurbeleid in de praktijk krijgt, is geen juiste afspiegeling van de betrokkenheid en waardering van de samenleving voor de natuur. Dit manco heeft ook nog een ander negatief effect op de positie van het natuurbeleid. Het openbaar bestuur draagt een specifieke verantwoordelijkheid voor collectieve waarden zoals natuur, maar juist dat bestuur blijft op dat punt achter bij de maatschappelijk gevoelde prioriteit. De case 'Wonen, water, werken en natuur: de Blauwe Stad' vormt hiervan een illustratie. De politiek-bestuurlijke prioriteit ligt bij de aanleg van 350 hectare natuurgebied in de Blauwe Stad als onderdeel van de Ecologische Hoofdstructuur (EHS). In de samenleving wordt deze sectorale invulling van de EHS gezien als een gemiste kans. Men gaat veel meer uit van een integrale natuurontwikkeling, in combinatie met wonen en recreatie, die uitgaat van het gebied zelf en niet van een abstract natuurbegrip als de EHS. Het argument vanuit het bestuur is dat de regels nu eenmaal zo zijn en dat scheiding van functies overzichte- lijker is dan verweving. Dat nu werkt demotiverend en heeft zo een negatief effect op het draagvlak en de inzetbereidheid van indivi- duen en groepen in de samenleving.

Spanning tussen beleid en uitvoering
Op tal van beleidsterreinen gaapt een kloof tussen de ambities die in nota's zijn vastgelegd en de resultaten van de uitvoeringspraktijk. Een voorbeeld hiervan is het EHS-project dat in 2018 klaar moet zijn en waarmee de volksvertegenwoordiging in volle breedte akkoord is gegaan. De Raad voor het Landelijk Gebied constateert in zijn advies *Voor een dubbeltje op de eerste rang* (2003) dat de provincies en een groot aantal maatschappelijke organisaties uit de hoek van natuur en landbouw met de uitvoering van de plannen aan de gang zijn gegaan, in het vertrouwen dat een Kamerbreed gedragen natuurbeleid ook blijvend door de rijksoverheid van middelen en instrumenten zal worden voorzien. Desondanks is door forse bezuinigingen de reali-

sering van het EHS-beleid nu vertraagd, terwijl de doelen gehandhaafd blijven.

De Algemene Rekenkamer beschrijft deze kloof tussen ambities en uitvoering in zijn rapport *Tussen beleid en uitvoering* (2003). De Rekenkamer wijst erop dat deze handelwijze leidt tot een afnemend vertrouwen in de overheid. Bovendien acht hij de politieke cultuur niet geschikt voor het besturen van complexe veranderingssystemen. In de zojuist begonnen kabinetsperiode zal de transitie in de landbouw een testcase worden, waarvan de resultaten van essentieel belang zijn voor het aanpalende natuurbeleid.

3. Medeverantwoordelijkheid door groene diensten

Economisering en verbreding van beleidsdoelen
Om de eerder genoemde belemmeringen voor het realiseren van medeverantwoordelijkheid het hoofd te bieden moet de positie van natuur en natuurbeleid in politiek, bestuur en samenleving worden versterkt. Een aantal oplossingsrichtingen kan hiertoe bijdragen en daarmee de kans op het nemen van medeverantwoordelijkheid voor natuur bij zowel overheid als samenleving vergroten:

- Natuur- en milieu-educatie als middel voor kennisoverdracht en informatievoorziening ten behoeve van een goed begrip van de waarde en het belang van natuur en de doelen van natuurbeleid
- Het als overheid tonen van bestuurlijke moed en standvastigheid bij het realiseren van natuurdoelstellingen
- Een duidelijk aanwezige bestuurlijke wil om de samenleving tot medeverantwoordelijkheid voor natuur te bewegen
- Het economiseren en verbreden van beleidsdoelen.

Zonder het belang van de andere mogelijkheden tekort te doen staat in dit artikel het realiseren van medeverantwoordelijkheid door economisering en verbreding van natuurdoelen centraal.

Het economiseren van natuurdoelen is van grote betekenis voor het realiseren van medeverantwoordelijkheid omdat hiermee natuur deel uitmaakt van de denkwereld waarin mensen meestal opereren. Economisering maakt snel zichtbaar wat de betekenis van natuur is in termen die mensen kunnen bevatten, namelijk economische termen. Economisering van beleidsdoelen kan worden bereikt door het via de markt belonen van keuzen of inspanningen van overheden, eigenaren, beheerders en burgers vóór de natuur dan wel door het belasten van natuuronvriendelijk gedrag.

Verbreding van het beleid met andere dan ecologische doelen, zoals beschreven in de nota NvMMvN, brengt het beleid meer in overeenstemming met de maatschappelijke beleving en waardering van natuur en maakt bovendien een betere benutting van het bestaande draagvlak mogelijk. Daarnaast kan het actief betrekken van partijen wier potentiële bijdrage aan de natuur wellicht nog onvoldoende (h)erkend wordt, leiden tot meer draagvlak en het voorkómen of beperken van weerstanden tegen het beleid of daarvan afgeleide projecten. Ook creativiteit bij de uitwerking van projecten en de inzet van middelen kan zo'n effect hebben. Inzichtelijke en objectiveerbare motieven en doelen, alsmede duidelijkheid over de consequenties van keuzen en prioriteiten, zijn daarom essentieel voor een breed gedragen natuurbeleid.

Groene diensten vormen een goed voorbeeld van het realiseren van medeverantwoordelijkheid door zowel verbreding als economisering van beleidsdoelen. Hierbij gaat het om agrarische en andere ondernemers die via zogenaamde groene diensten een bijdrage leveren aan de kwaliteit van natuur en landschap, cultuurhistorie, water en recreatie in de groene ruimte. Het betreft activiteiten die de kwaliteit van het landelijk gebied verhogen en die verder gaan dan waartoe een burger wettelijk verplicht is.

Groene diensten zijn niet verplicht en kunnen zowel betaald als onbetaald zijn. De overheid heeft wél een belangrijke maar niet de énige opdrachtgevende rol waar het gaat om groene diensten. De overheid kan groene diensten inzetten om waar nodig de kwaliteit in het landelijk gebied verder te ontwikkelen.

In het landelijk gebied kan groene dienstverlening bedrijven die grond als productiefactor inzetten de mogelijkheid bieden een bijdrage te leveren aan de kwaliteit van natuur, landschap, cultuurhistorie, water en recreatie. Mits op de juiste wijze ontwikkeld geeft dit systeem vorm aan de verbreding en economisering van natuurdoelstellingen en daarmee aan de realisering van medeverantwoordelijkheid.

Dit vereist van het systeem van groene dienstverlening echter de formulering van een bruikbare concrete vraag én een goed mechanisme om vraag, aanbod én financiering effectief aan elkaar te koppelen. Nu wordt aan beide voorwaarden niet voldaan, de volgende paragraaf gaat hier nader op in.

Knelpunten bij de aanbieding van groene diensten
Vanouds kan agrarisch natuur- en landschapsbeheer worden beschouwd als een van de belangrijke groene diensten in het landelijk gebied. Voor de vormgeving van deze groene diensten kan worden voortgegaan op de weg van de huidige regelingen, met als belangrijkste voorbeeld het subsidiemodel van het Programma Beheer (onderdeel Subsidieregeling Agrarisch Natuurbeheer, SAN). Er zijn echter meer aanleidingen om bij vormgeving van groene diensten deze weg niet klakkeloos te volgen, maar een bewuste keuze te maken voor de aanpak van medeverantwoordelijkheid voor natuur en daarmee nieuwe mogelijkheden te scheppen voor het realiseren hiervan.

De vraag naar kwaliteit in het landelijk gebied vormt het startpunt voor het vormgeven van betaalde groene diensten. Deze vraag naar kwaliteit is afkomstig van 16 miljoen Nederlanders, gemotiveerd vanuit de eigen waarden. Deze vraag is zeer divers, maar daarin is wel een gemeenschappelijke component te onderkennen: de collectieve vraag. Deze collectieve vraag naar bijvoorbeeld natuur en recreatie wordt door of namens de overheden (rijk, provincie of gemeente) geformuleerd. Deze overheden formuleren de vraag zélf in beleidsplannen en nota's of mandateren lokale gemeenschappen om binnen aangegeven kaders de vraag te formuleren, zoals bijvoorbeeld gebeurt in landinrichtingsverband. Behalve deze collectieve vraag is er sprake van een individuele vraag. Burgers en bedrijven hebben een specifieke vraag die samenhangt met specifieke behoeften. Zo hebben recreatiebedrijven economisch baat bij een aantrekkelijke recreatieomgeving; projectontwikkelaars hebben economisch baat bij een aantrekkelijke woonomgeving; waterwinbedrijven hebben baat bij een goede waterkwaliteit. Deze vraag naar groene diensten is divers georganiseerd. Er is een groot aantal rijks- en provinciale subsidieregelingen; waterschappen en waterleidingbedrijven sluiten contracten met boeren; burgers betalen extra voor streekeigen producten; bedrijven sponsoren lokale activiteiten'; recreatiebedrijven dragen bij aan landschapsonderhoud; bewoners van nieuwbouwprojecten ontwikkelen het omringende landschap. De rijks- en provinciale subsidieregelingen vormen daarbij het grootste aandeel in de financieringsstromen, met andere woorden de grootste vrager - namens de burgers - van groene diensten.

Ook de aanbieders van groene diensten zijn divers: individuele boeren, boeren die georganiseerd zijn in natuurverenigingen of (milieu)coöperaties, rentmeesterkantoren, georganiseerde burgers of particuliere landgoedeigenaren.

Het overgrote deel van deze vragers en aanbieders van groene diensten onderhouden onderling 'subsidierelaties' door de toekenning van subsidies. Vragers en aanbieders vinden elkaar door bekendmaking van de subsidie en subsidievoorwaarden, veelal gebruik makend van intermediairen (zoals groenloketten) die het bont geschakeerde 'subsidieland' kennen. Andere vragers en aanbieders vinden elkaar op ad hoc basis, via bilaterale contacten. De voorwaarden waaronder vrager en aanbieder met elkaar samenwerken, verschillen per relatie. Subsidieregelingen zijn vaak specifiek, private relaties zijn uniek.

De huidige situatie biedt weinig inzicht in de diversiteit van vragers en aanbieders van groene diensten. De - met name kleinere - vragers hebben weinig overzicht over de aanbieders en bijna geen inzicht in de condities waaronder groene diensten kunnen worden uitgevoerd. 'Gedragsregels', zoals wél in het kader van de subsidierelatie ontwikkeld zijn, ontbreken. Aanbieders hebben geen zicht op vragers van groene diensten, met uitzondering van de rijkssubsidieregelingen.

Tweederde van de circa honderd agrarische natuurverenigingen ervaart knelpunten in het beleid van de overheid: lange en rigide aanvraagprocedures, onduidelijkheid over het beleid, ingewikkelde en langdurige procedures voor de financiële afwikkeling, de onzekerheid over de continuïteit van het beleid en de selectiviteit naar gebieden in de toepassing van Programma Beheer en de provinciale regelingen. Een kwart van de agrarische natuurverenigingen heeft te maken met knelpunten in de interne organisatie, zoals te weinig inzet voor bestuursfuncties of te weinig animo bij de leden (Natuurplanbureau, 2001). Ook gebrek aan kennis en organiserend vermogen speelt een rol.

Uit onderzoek (Kleijn et al., 2001) blijkt dat agrarisch natuurbeheer niet overal effectief is. Daarbij spelen beheer en de plaatselijke omstandigheden een belangrijke rol, maar met name de keuze van de gebieden waar contracten voor agrarisch natuurbeheer worden afgesloten, is zeer bepalend voor de effectiviteit. Ook de ruimtelijke ligging van de bedrijven binnen die gebieden is van belang, omdat beheer van aaneengesloten percelen meer natuur- en landschappelijke waarden kan opleveren dan het beheer van verspreid liggende percelen (Geertsema, 2002). De eerder genoemde case 'Wie zorgt voor de Grutto' levert hiervan een illustratie. Volgens Natuurmonumenten vraagt de grutto koeien en boeren, maar ook een hoog waterpeil, dat eigenlijk alleen kan in reservaten die door natuurbeschermingsorganisaties worden beheerd.

4. Het beursmodel als invulling van medeverantwoordelijkheid

Groene dienstverlening kan wel vorm geven aan medeverantwoordelijkheid voor natuur door toepassing van het 'beursmodel' zoals de Raad voor het Landelijk Gebied dat in 2002 heeft geadviseerd.

Het biedt mogelijkheden om vragers en aanbieders van groene diensten in concurrentie tot optimale combinaties te brengen. Concurrentie kan ontstaan tussen gebieden, tussen delen van gebieden en tussen (groepen van) vragers en aanbieders onderling. Deze concurrentie kan leiden tot meer kwaliteit bij eenzelfde inzet van middelen. Via een opdrachtgever-opdrachtnemer relatie worden private contracten afgesloten. Daarmee wordt overgegaan van een subsidierelatie (Programma Beheer) naar een meer moderne opdrachtgever-opdrachtnemer relatie, waar in de opdrachtgeverrol ook ruimte is voor anderen dan de overheid. Niet langer is er sprake van een rijkssubsidie voor individuele grondeigenaren maar van een privaat contract tussen opdrachtgevers (bijvoorbeeld een provincie of waterschap) en opdrachtnemers (bijvoorbeeld een groep van grondeigenaren).

In dit artikel geven wij geen blauwdruk voor een model, maar schetsen de uitgangspunten en een aantal onderdelen die nadere toetsing en uitwerking vereisen. Sommige onderdelen worden geïllustreerd met voorbeelden uit de praktijk.

Uitgangspunten voor de aanpak
Voor het uitvoeren van betaalde groene diensten zijn meerdere vragers en aanbieders aanwezig. In toenemende mate zijn andere grondgebruikers dan die in de landbouw bepalend voor de kwaliteit

van het landelijk gebied. Het zijn landbouwbedrijven die ook andere producten leveren, zoals zorgvoorzieningen en recreatievoorzieningen. Tevens komen er niet-landbouwbedrijven voor die grond als productiefactor inzetten, bijvoorbeeld recreatiebedrijven en bosbedrijven. Dit spectrum van landbouwbedrijven met alleen voedselproductie - via de combinatie van bijvoorbeeld voedselproductie en recreatievoorzieningen ('kamperen bij de boer') - tot pure recreatiebedrijven (of bedrijven met een ander grondgebruik) kan worden beschouwd als rurale bedrijven. Een 'ruraal bedrijf' kan worden gedefinieerd als een bedrijf dat grond als productiefactor inzet. Activiteiten van rurale bedrijven zijn bijvoorbeeld - al dan niet in combinatie - voedselproductie, recreatie, zorgverlening, bosbouw, waterberging, landschapsonderhoud. De rurale ondernemer haalt zijn inkomen uit het rurale bedrijf, maar kan - net als elke andere ondernemer - daarnaast ook inkomsten verdienen uit andere economische activiteiten. Alle rurale bedrijven en niet alleen 'landbouwbedrijven' kunnen via groene diensten bijdragen aan de kwaliteit van het landelijk gebied. In de nieuwe aanpak dient hiervoor ruimte te zijn.

Uitgangspunt is dat alle vragers en aanbieders in staat moeten worden gesteld groene diensten te vragen dan wel aan te bieden. Daarmee zal de kwaliteit van de groene ruimte en van het gebruik ervan gebaat zijn. Aan de organisatie van groene diensten kunnen daarom de volgende uitvoeringseisen gesteld worden:

- transparante en inspirerende opzet die uitdaagt tot creativiteit en zelfbewustzijn;
- maximale betrokkenheid van alle relevante partijen:vragers én aanbieders;
- effectieve overdracht van middelen, en
- zekerheid over het bereiken van de gewenste kwaliteit.

Transparante en inspirerende opzet
De inpassing van groene diensten in de bedrijfsvoering is gebaat bij een zo groot mogelijke helderheid over kosten en inkomsten. Onzekerheid over inkomsten is ongewenst. Bij de productie van voedsel of het aanbieden van recreatievoorzieningen kan de ondernemer deze onzekerheden inschatten en verwerken in zijn bedrijfsstrategie. Ook bij de productie van groene diensten zal duidelijk

moeten zijn op welke zekerheden en onzekerheden gerekend kan worden.

In de huidige opzet van subsidieregelingen wordt vaststelling van de hoogte van vergoedingen vaak ingegeven door politieke motieven die in de tijd kunnen veranderen. Ook de grondslag voor de bepaling van de subsidievergoeding blijkt in de tijd te kunnen variëren. Zo is recent de grondslag voor de jaarlijkse herziening Subsidieregeling Agrarisch Natuurbeheer veranderd van het prijsindexcijfer voor gezinsconsumptie naar een koppeling met de kVEM-prijs (Voeder Eenheid Melkveehouderij) voor ruwvoer, met als gevolg een verlaging van de vergoeding met ongeveer 10%. Deze eenzijdige vaststelling van de vergoeding biedt de ondernemer niet het zicht op zekerheden en onzekerheden die hij nodig heeft voor zijn bedrijfsvoering.

Een inspirerende opzet bij de organisatie van groene diensten is vereist om creativiteit los te maken bij alle partijen, zowel bij aanbieders als vragers. Een subsidierelatie geeft weinig inspiratie: subsidies scheppen afstand. Een gelijkwaardige opdrachtgever/opdrachtnemer relatie biedt betrokkenheid.

Maximale betrokkenheid van alle partijen
Eerder in dit artikel betoogden auteurs, dat de huidige situatie weinig inzicht biedt in de diversiteit van vragers en aanbieders van groene diensten. Om de betrokkenheid van relevante partijen te vergroten zal het proces van het bij elkaar brengen van vraag en aanbod aan een aantal eisen moeten voldoen. Zo dient op gebiedsniveau afstemming van vraag en aanbod plaats te vinden. Tevens moet concurrentie kunnen ontstaan tussen aanbieders, gebieden en delen van gebieden Dit moet bijdragen aan een situatie waarbij het gebied en de beheerder die het meest effectief de natuurdoelstellingen kunnen realiseren voor een contract in aanmerking komen. Op deze wijze kan ook de vraag worden beantwoord welke partij in welk gebied in de toekomst voor de grutto zal zorgen.

Effectieve overdracht van middelen
Overdracht van middelen kan via een subsidierelatie zoals bijvoorbeeld binnen het Programma Beheer. Dit subsidiesysteem bestaat uit een gedetailleerd stelsel van voorschriften. Deze zijn niet alleen ingegeven door de wens de te bereiken beheersdoelen te omschrijven, maar ook door juridische en financieel-technische overwegingen.

Het gelijkheidsbeginsel dat iedereen hetzelfde recht geeft op een subsidie en de financiële verantwoording volgens de Kaderregeling Subsidies leiden tot een star systeem met een grote bestuurs- en uitvoeringslast.

De Kaderregeling Subsidies bestaat naast andere systemen voor overdracht van middelen, zoals tendering en uitbesteding van opdrachten. Daarvoor zijn regels ontwikkeld (aanbestedingsregels) die bijna universeel binnen de overheid gelden. Aanbesteding als middel om vraag en aanbod bijeen te brengen leent zich meer dan subsidie-regelingen voor maatwerk. Uit de ontwikkeling van de Relatienota-benadering, de Rbon-regeling (Regeling Beheersovereenkomsten Natuurontwikkeling) en vervolgens het Programma Beheer spreekt de tendens naar output-gerichte financiering en meer gelijkwaardigheid in de vorm van een opdrachtgever-opdrachtnemer-relatie, kortom naar maatwerk.

Zekerheid over het bereiken van de gewenste kwaliteit
Behalve een goed proces om vraag naar en aanbod van groene diensten bij elkaar te brengen, zullen aan vragers, aanbieders en financiers ook eisen gesteld moeten worden om de gewenste kwaliteiten te bereiken. De belangrijkste daarvan zijn continuïteit in financiering, continuïteit en effectiviteit van beheer, deskundigheid en een realistische opstelling bij het aangaan van verplichtingen.

Beschrijving van het beursmodel
De Raad voor het Landelijk Gebied bepleit in zijn advies *Groene diensten: van ondersteunen naar ondernemen* (2002) het beursmodel als mechanisme om vragers en aanbieders effectief bijeen te brengen en de overdracht van middelen effectief te laten verlopen. In dat model worden vragers, aanbieders en financiers van groene diensten door intermediairen met elkaar in contact gebracht. De collectieve en indi-viduele vraag naar groene diensten wordt gebiedsgericht gespecifi-ceerd en door intermediairen gebundeld op grond waarvan collec-tieven van aanbieders een aanbod kunnen doen, eventueel in onder-linge concurrentie. Op basis van een zakelijk contract wordt een overeenkomst op maat gesloten.

Via het beursmodel kunnen optimale combinaties van vraag en aanbod tot stand komen. Optimaal in de zin van de beste uitvoerder bij de vraag én de beste vrager bij de uitvoerder. Op een goed geor-

Medeverantwoordelijkheid voor natuur

ganiseerde beurs (als markt) bestaat overzicht over vragers en aanbieders en over de condities waaronder (optimaal) een relatie kan worden aangegaan. In situaties waarbij de financieringscapaciteit door derden (niet zijnde de vragers of de aanbieders) wordt geboden, bijvoorbeeld vanuit fondsen of compensatieverplichtingen, biedt het beursmodel ook de gelegenheid om financieringscapaciteit met vragers en aanbieders bijeen te brengen.

In een beursmodel worden de overheidsverantwoordelijkheden zélf niet 'naar de markt' gebracht maar wel de werkzaamheden die nodig zijn om de collectieve verantwoordelijkheid te realiseren. Het bestáán van een beurs biedt anderen dan de overheid de mogelijkheid groene diensten op eenvoudige wijze af te nemen. Deze mogelijkheid is er nu niet of is zeer hoogdrempelig.

Het bijeenbrengen van vraag en aanbod is een taak van intermediairen/ makelaars die zichzelf als zodanig zullen manifesteren. Deze intermediairen brengen vraag en aanbod bijeen, ook vragers en aanbieders die zichzelf georganiseerd hebben. Vragers en aanbieders kunnen uiteraard ook direct contact met elkaar maken, maar intermediairen kunnen een toegevoegde waarde creëren door actief optimale combinaties van vragers, aanbieders en financiers te zoeken, bijvoorbeeld door bundeling van beschikbare collectieve en private middelen.

Feitelijk functioneren op dit moment al intermediairen als onderdeel van organisaties van aanbieders, zoals agrarische natuurverenigingen, of vragers, zoals provincies. Deze intermediairen zijn echter gebonden aan de belangen van hun organisaties hetgeen remmend kan zijn voor het vinden van voor het landelijk gebied optimale combinaties van vraag en aanbod. De intermediairen zijn de uiteindelijke vormgevers van de beurs: zij creëren het netwerk van elkaar ontmoetende vragers en aanbieders.

De intermediairen zullen een aantal kwaliteiten moeten bezitten om ook op termijn te kunnen functioneren: bekendheid met de streek, bekendheid met de materie, in staat zijn de concretisering van de vraag te ondersteunen en dergelijke. Professionalisering van deze markt zal ertoe leiden dat de eisen die aan intermediairen worden gesteld uitkristalliseren en, bijvoorbeeld, via erkenningsregelingen (afgedwongen door marktpartijen) vastgelegd worden. In principe hoeft de overheid de te stellen eisen aan intermediairen niet te formuleren, tenzij het functioneren van de markt in gevaar komt.

Intermediairen die deze activiteiten tot hun beroep maken, kunnen snel expertise opbouwen door bundeling van opgedane ervaringen.

5. Conclusies

Natuur- en milieueducatie, proceskenmerken als bestuurlijke wil, moed en standvastigheid en het economiseren en verbreden van beleidsdoelen kunnen belemmeringen wegnemen voor het realiseren van medeverantwoordelijkheid voor natuur. Zonder het belang van de andere mogelijkheden tekort te doen, staat in dit artikel het realiseren van medeverantwoordelijkheid door economisering en verbreding van natuurdoelen centraal.

Verbreding van doelen met andere dan ecologische brengt het natuurbeleid meer in overeenstemming met de maatschappelijke beleving en waardering van natuur en maakt een betere benutting van het bestaande draagvlak mogelijk. Economiseren van natuurdoelen zorgt ervoor dat natuur deel uitmaakt van de denkwereld waarin mensen meestal opereren. Het maakt de betekenis van de natuur zichtbaar in termen die mensen kunnen bevatten, namelijk econo- mische termen.

Groene dienstverlening kan bedrijven die grond als productie- factor inzetten de mogelijkheid bieden een bijdrage te leveren aan de kwaliteit van natuur, landschap, cultuurhistorie, water en recreatie in het landelijk gebied. Mits op de juiste wijze ontwikkeld geeft dit systeem vorm aan de verbreding en economisering van natuurdoel- stellingen en daarmee aan de realisering van medeverantwoorde- lijkheid.

Het vereist van het systeem van groene dienstverlening echter de formulering van een bruikbare concrete vraag én een goed mecha- nisme om vraag, aanbod én financiering effectief aan elkaar te koppelen. Nu wordt aan beide voorwaarden niet voldaan:
- Het subsidiemodel van het Programma Beheer is dermate gecom- pliceerd dat gebruik én toekenning van de subsidies tot grote problemen leiden. Bovendien bevestigt het verlenen van subsidies het bestaande beeld van inkomenssteun aan de landbouw;
- Boeren en veel andere grondeigenaren zijn ondernemers. Subsidieverlening onder strikte voorwaarden, zoals bij het

Programma Beheer, sluit niet aan bij hun normen en waarden en is een rem op innovatie en doelmatig opereren;

- Voor de kwaliteit van het landelijk gebied zijn andere grondgebruikers dan die in de landbouw, zoals bedrijven en burgers, van toenemend belang. De huidige aanpak stimuleert deze andere grondgebruikers niet om zelf als opdrachtgever van groene diensten op te treden.

Groene dienstverlening kan wel vormgeven aan medeverantwoordelijkheid voor natuur door toepassing van het 'beursmodel' zoals de Raad voor het Landelijk Gebied dat in 2002 heeft geadviseerd.

Vragers (overheden maar ook bedrijven en particulieren) en aanbieders (boeren maar ook landgoedeigenaren, particulieren en andere grondbezitters) worden door intermediairen (onafhankelijk werkend dan wel in opdracht van belangrijke vragers of aanbieders) in concurrentie tot optimale combinaties gebracht. Concurrentie kan ontstaan tussen gebieden, tussen delen van gebieden en tussen intermediairen onderling. Deze concurrentie kan leiden tot meer kwaliteit bij eenzelfde inzet van middelen. Via een opdrachtgever-opdrachtnemer relatie worden private contracten afgesloten. Daarmee wordt overgegaan van een subsidierelatie (Programma Beheer) naar een meer moderne opdrachtgever-opdrachtnemer relatie waar in de opdrachtgeverrol ook ruimte is voor anderen dan de overheid. Niet langer is er sprake van een rijkssubsidie voor individuele grondeigenaren maar van een privaat contract tussen opdrachtgevers (zoals een provincie of waterschap) en opdrachtnemers (zoals bijvoorbeeld een groep van grondeigenaren).

De wijze waarop het beursmodel invulling geeft aan medeverantwoordelijkheid vraagt om experimenteerruimte ten behoeve van praktijktoetsing in diverse situaties. Ruimte voor experimenten die van het begin af aan (en niet achteraf) worden begeleid door interdisciplinair onderzoek. Op deze wijze kan experimenteerruimte leiden tot gebiedsspecifiek maatwerk. Rijk, provincies, waterschappen, gemeenten, maatschappelijke organisaties en bedrijfsleven zullen zich hiertoe gezamenlijk voor een reeks van jaren moeten verbinden.

Voor deze experimenten zijn een aantal onderzoeksvragen relevant. Zo zal de vraag naar groene diensten in Nederland per gebied verschillen. Het is van belang, zo snel mogelijk te bepalen voor welke delen van Nederland groene diensten een relevante inkomstenbron kunnen vormen. Daarbij kan alleen sprake zijn van betaling van groene diensten indien daar een vraag tegenover staat. Zowel de aard en de omvang van de vraag als van het aanbod zijn daarbij onderwerp van onderzoek.

De vraag van de samenleving naar groene diensten is niet eenduidig in de beleidsplannen en nota's van Rijk, provincies en gemeenten geformuleerd en vraagt nadere concretisering. De overheid is namens de samenleving de grootste vrager van diensten, maar niet de enige. Het bedrijfsleven en individuele burgers kennen eigen specifieke behoeften (bijvoorbeeld voor de directe woon- en werkomgeving) die tot een eigen vraag naar groene diensten kan leiden. Zowel de aard en omvang van de vraag van samenleving, bedrijfsleven als burgers als de wijze waarop deze vraag kan worden gebundeld, vergt nadere concretisering door middel van onderzoek.

Het potentiële aanbod aan groene diensten in het landelijk gebied zal niet overal even groot zijn. Volgens schattingen van de Raad voor het Landelijk Gebied zal de helft van de bestaande landbouwbedrijven in staat en bereid zijn betaalde groene diensten te leveren. Ook andere grondgebruikers zoals particuliere landgoedeigenaren en recreatie-bedrijven kunnen groene diensten aanbieden. Nu is niet meer bekend dan dat lokaal het aandeel van deze 'rurale' bedrijven omvangrijk kan zijn. Het potentiële aanbod aan groene diensten van 'rurale' bedrijven vergt nadere concretisering in termen van aanbod en organisatie.

De auteurs zijn Bas van Leeuwen van het secretariaat van de Raad voor het Landelijk Gebied erkentelijk voor zijn waardevolle suggesties.

Literatuur

Algemene Rekenkamer (2003). *Tussen beleid en uitvoering. Lessen uit recent onderzoek.* Den Haag: Algemene Rekenkamer.

Geertsema, W. (2002). *Plant survivaling dynamic habitat networks in agricultural landscapes.* Wageningen: Proefschrift Wageningen Universiteit.

Kleijn, D., F. Berendse, R. Smit & N. Gilissen (2001). Agri-environmental schenes do not effectively protect biodiversity in Dutch agricultural lands-capes. *Nature* 413: 723-725

Natuurplanbureau (2001). *Agrarische Natuurverenigingen in opkomst.* Bilthoven: RIVM.

Raad voor het Landelijk Gebied (2000). *Het belang van samenhang. Advies over ontwikkeling, afstemming en integratie in het landelijk gebied.* RLG 00/3.

Raad voor het Landelijk Gebied (2001). *De natuur van het draagvlak Advies over versterking van de politiek-maatschappelijke basis voor natuurbeleid.* RLG 01/2.

Raad voor het Landelijk Gebied (2002). *Groene diensten: van ondersteunen naar ondernemen.* RLG 02/7.

Raad voor het Landelijk Gebied (2003). *Voor een dubbeltje op de eerste rang.* RLG Briefadvies.

Raad voor het Landelijk Gebied (2003). *Platteland in de steigers. Advies over de reconstructie van de zandgebieden in Zuid- en Oost- Nederland.* RLG 03/3.

10. Natuurgebruik; medeverantwoordelijkheid voor natuur via productie- en consumptie-ketens

Kris van Koppen en Gert Spaargaren

Wanneer het woord verantwoordelijkheid valt - dat kan iedereen die is opgevoed beamen - is de moraal niet ver weg. Verantwoordelijkheid wordt meestal aangekaart in een context van ethiek, zoals vragen naar productie en consumptie meestal worden aangekaart in een context van economie. De benadering van dit essay is echter niet ethisch of economisch, maar sociologisch van aard. In die benadering is er zeker ruimte voor ethische voorschriften en voor economische markten, maar wordt de kwestie van verantwoordelijkheid voor natuur niet direct verbonden aan een morele vraag, zoals in de ethiek, of toegewezen aan de moreel vrijgemaakte ruimte van de markt, zoals in de economie.

Verantwoordelijkheid voor natuur, zo willen wij laten zien, komt tot stand in en door natuur*gebruik* door burger-consumenten. In de sociologische benadering van dit essay zijn morele regels en markten sociale structuren met behulp waarvan wij onze omgang met de natuur vormgeven. Morele regels en markten vormen de spelregels die in het proces van natuurgebruik voortdurend gereproduceerd worden door groepen van burger-consumenten die deze spelregels meer of minder bewust kennen en beleven en die zich al dan niet aan die regels en markten conformeren. Verantwoordelijkheid voor natuur wordt in dit essay dus geanalyseerd niet in termen van een individueel natuurbesef van 'de' Nederlanders maar in termen van spelregels die zijn verbonden met zich ontwikkelende praktijken van natuurgebruik door onderscheiden groepen burger-consumenten. Door het gedrag van bepaalde groepen tot inzet van beleid te maken, kan een meer gericht en specifiek beleid voor een duurzaam en democratisch natuurgebruik tot stand komen. Een beleid waarin recht gedaan wordt aan de meestentijds pragmatische maar daarom niet minder essentiële morele betrokkenheid van mensen bij natuur.

1. Betrokkenheid bij natuur in historisch perspectief

Tot voor kort was de verantwoordelijkheid van burgers voor natuur vrijwel geheel gestructureerd via aanwijzing, inrichting en onderhoud van natuur als collectief goed. De beheerders van dit collectieve goed waren de overheid en, in samenwerking met de overheid, de natuurbeschermingsorganisaties. Van burgers werd op de eerste plaats gevraagd aan deze beheerders ondersteuning en legitimatie te verlenen. Burgers in Nederland deden en doen dat op grote schaal, zoals onder meer opgemaakt kan worden uit de ledentallen van natuurbeschermingsorganisaties. Het probleem van medeverantwoordelijkheid is dus niet zozeer dat burgers zich aan hun verantwoordelijkheid onttrekken. Het probleem - bezien vanuit de invalshoek van dit essay - is, dat de bestaande, 'klassieke' structurering van verantwoordelijkheid als enige of dominante vorm niet langer voldoet en met andere vormen aangevuld moet worden om de opgave van natuurbescherming en duurzaam natuurgebruik te kunnen dragen.

Voor het goede begrip: we pleiten niet tegen een belangrijke rol van de nationale overheid en de nationale natuur- en milieuorganisaties in het beschermen van natuur. De klassieke strategie - het 'opzij zetten' van natuur als collectief goed, ondersteund en gelegitimeerd door een breed publiek draagvlak - is en blijft van groot belang voor natuurbescherming. Wij zoeken echter naar aanvullende strategieën en nieuwe rollen voor overheid, markt en natuurbeschermingsorganisaties in de context van een bredere visie op en aanpak van duurzaam natuurgebruik. Waarom de klassieke strategie niet langer toereikend is zullen we nu kort schetsen, om vervolgens de bredere benadering aan de hand van voorbeelden te illustreren.

Natuurbeleid in Nederland wordt steeds meer gebaseerd op internationale afspraken en universeel-wetenschappelijke argumenten. De Europese Vogel- en Habitatrichtlijnen, internationale verdragen, mondiale *assessments* van biodiversiteit en wetenschappelijk onderzoek naar ecologische netwerken bepalen in toenemende mate wat het meest beschermwaardig is. Daarmee verandert de plaats van natuurbescherming in de beleving van burgers. Vanouds was natuurbescherming iets van 'ons' als nationaal collectief - zoals dat kernachtig werd uitgedrukt in de termen *Nationaal* Park en *Nationaal* Landschap. Natuur in Nederland was een gezamenlijk bezit, waarvan we allen, wandelend en fietsend in het spoor van Thijsse, mochten genieten. De plakboeken van Verkade waren in zekere zin een familie-plakboek. Deze beleving van natuur is nog steeds belangrijk in het natuurbeheer, maar wordt door vele hedendaagse natuurbeschermers niet meer als *core business* beschouwd. Voorop staat de bescherming van internationaal waardevolle soorten en ecosystemen. Natuur neemt daarmee afstand van de leefwereld van burgers, zowel wat betreft het aspect van genieten, als wat betreft het gevoel van nationale verbondenheid.

Tegelijkertijd raakt de natuur van Thijsse letterlijk en figuurlijk steeds verder ingeklemd tussen productie- en consumptieketens. Natuurbescherming moet vormgegeven en gelegitimeerd worden tegen de achtergrond van steeds meer en steeds sterker gearticuleerde claims vanuit de sfeer van productie en consumptie. Het gaat al lang niet meer om het opzij zetten van enkele gebieden aan de periferie van de moderniserende samenleving. De gestegen welvaart en, ironisch genoeg, ons verlangen naar natuur maken de druk op natuur steeds groter. Natuur zelf bevindt zich in het brandpunt van productie en consumptie, en is direct afhankelijk geworden van beslissingen over wat voor landbouw we willen, hoe we willen wonen, waarheen we willen reizen, en zo voort.

Samengevat: natuur wordt in de legimitatie van beleid - de titel van de beleidsnota *Natuur voor mensen, mensen voor natuur* ten spijt - als het ware 'losgeschakeld' van de belevingswereld van burgers, terwijl zij tegelijk *de facto* juist steeds sterker wordt 'ingeschakeld' in productie- en consumptieketens.

2. Praktijken van natuurgebruik: drie voorbeelden

Tegen de achtergrond van deze korte typering van het probleem rijst de vraag of het mogelijk is verbindingen te leggen tussen natuurgebruik in de context van productie- en consumptieketens enerzijds en (oude en nieuwe) praktijken van genieten en beschermen van natuur anderzijds. Door zulke verbindingen - in theorie en in beleid - te ontwikkelen kan een bijdrage worden geleverd aan een structurering van medeverantwoordelijkheid van burger-consumenten voor natuur, die op een bredere leest geschoeid is dan die van de klassieke natuurbeschermingspraktijken alleen. Wij stellen ons daarbij expliciet de vraag hoe een ketengerelateerd natuurbeleid tot stand kan komen waarin nadrukkelijk aansluiting wordt gezocht bij de rationaliteit van de alledaagse leefwereld van burger-consumenten (met de term burger-consument willen wij aangeven dat beide rollen wel onderscheiden maar nauwelijks meer gescheiden kunnen worden). Een natuurbeleid geënt op de alledaagse praktijken van natuurgebruik door groepen van burger-consumenten is nodig, om de 'losgeschakelde' natuur opnieuw en beter te verankeren in de leefwereld. Praktijken van ketengerelateerd natuurgebruik vormen daarbij een goed uitgangspunt en aanknopingspunt voor een verbrede strategie.

Om verbindingen tussen praktijken van ketengerelateerd natuurgebruik enerzijds en de alledaagse leefwereld anderzijds tot stand te brengen, zijn bewegingen nodig vanuit bedrijven en vanuit burger-consumenten. Dergelijke bewegingen zijn onmiskenbaar gaande. Vanuit bedrijven worden verschillende initiatieven tot zorg voor natuur via de keten ontwikkeld, onder andere in het kader van *corporate social responsibility* (voor de taalzuiveren: maatschappelijk verantwoord ondernemen). Illustratief is het recente rapport *Business & Biodiversity* (2002), uitgebracht door de World Business Council for Sustainable Development, in samenwerking met het Earthwatch Institute en de IUCN. Een belangrijke conclusie van het rapport luidt: "There is a business case for integrating biodiversity into core management systems: to manage risks, capitalise on opportunities and meet corporate social responsibilities" (Abbott et al., 2002, p. 9). Duurzame productie- en consumptieketens vormen een belangrijke bouwsteen voor biodiversiteitsbehoud. Helaas is de zorg voor duurzame ketens tot nu toe vooral iets van en tussen grote bedrijven, hun toeleveranciers en de financiële organisaties. Naar de consument toe zijn bedrijven over het algemeen echter behoedzaam in het etaleren van hun goede voornemens op het gebied van biodiversiteit, natuur en milieu. Toch is het ons inziens cruciaal voor natuurbescherming via de keten dat het bedrijfsleven actief toewerkt naar een relatie met de consument. Het gaat er om verbindingen te leggen tussen door producenten gedomineerde ketens enerzijds en natuurbeleving van burgers anderzijds.

De focus van onze analyse is echter vooral de beweging (of het gebrek aan beweging) vanuit de burger-consument. In het brandpunt van dit essay staat het handelen van consumenten in relatie tot (andere) keten-actoren. We richten ons daarbij op de consumenten-dimensie van alledaags gedrag van burgers, dat wil zeggen op de burger die 'koopt' in de bredere zin van het woord: de aanschaf van voedsel, recreatie, sport, wonen, en zo voort. Via deze gedragsprak-tijken verschaft de burger zich toegang tot productie-consumptiekе-tens en schakelt hij of zij zichzelf als het ware in binnen een keten. We willen daarbij het ketenbegrip nadrukkelijk in zijn ruime betekenis zien. Het gaat niet alleen om het zich inschakelen binnen *economische* ketens, maar ook binnen sociale en fysieke netwerken van (product) *flows*, (keten) actoren en (markt- of consumptie) betekenissen. Vanuit deze benadering werken we drie illustratieve voorbeelden van natuur-gebruik iets verder uit:

- natuurgebruik als voedingsgedrag in de context van de mondiale visketens van het Marine Stewardship Council (MSC) keurmerk voor duurzame visserij;
- natuurgebruik resulterend uit de koppeling van voedsel en recreatiepraktijken in context van ketens van agrarische producten, toegelicht aan de hand van de grutto-actie; en ten slotte
- natuurgebruik in de context van de eigen woonomgeving, toege-licht aan het voorbeeld van tuininrichting.

3. Natuurgebruik in keuken en restaurant: de consument en de MSC

Het MSC keurmerk is hard op weg een schoolvoorbeeld van succesvol natuurbeheer via de keten te worden. Het probleem van overbevis-sing, waar het keurmerk een antwoord op wil zijn, is groot en urgent. Wereldwijd zijn visvoorraden zodanig geëxploiteerd dat ze niet alleen in termen van biodiversiteit, maar zelfs uit visserij-oogpunt sterk onder druk staan. Bovendien brengt een aantal visserijmethoden aanzienlijke 'collaterale' schade toe aan andere populaties, zoals dolfijnen en zeehonden. De Marine Stewardship Council (MSC) is een internationale non-profit organisatie met het doel duurzame visvangst te bevorderen door middel van een keurmerk. Om gecertificeerd te worden, dienen visserijbedrijven de vangst zo in te richten dat vis-populaties zich kunnen herstellen, ecosystemen intact blijven, en voldaan wordt aan locale, nationale en internationale wetgeving. De

MSC werd in 1996 opgericht op initiatief van Unilever en het WNF - een vorm van samenwerking tussen bedrijfsleven en natuurorganisaties, zonder interventie van een overheid.

De eerste resultaten zijn bijzonder hoopgevend. In de drie jaar dat certificatie mogelijk is, zijn zes visserijketens gecertificeerd (waaronder New Zealand hoki en Thames herring), zeven worden thans beoordeeld voor toelating en zo'n 25 verkeren in andere fasen van het certificeringsproces. Meer dan 105 producten in tien landen wereldwijd dragen het keurmerk en er bestaat grote belangstelling voor deze producten, zowel vanuit supermarktketens als vanuit de sector van restaurants. Een recent evaluatierapport concludeert: "The future market for MSC-labeled seafood products looks bright, particularly as more products from certified fisheries become available" (Roheim 2002, p. 1).

Wat leert dit voorbeeld ons over structurering van natuurgebruik in de context van globale voedingsketens? Het MSC keurmerk is een abstract symbool. Het vertelt de consument weinig over de concrete praktijken van visvangst. Afhankelijk van de specifieke visketen kunnen deze praktijken verschillen. In de meeste gevallen spelen ze zich af op grote afstand van de consumptiepraktijk. Het MSC keurmerk brengt de consument een enkelvoudige, generieke boodschap: deze vis is op milieuverantwoorde wijze gevangen. Door het product te kopen, of naar een restaurant te gaan dat het product serveert, structureren consumenten de keten als een globale en ondoorzichtige, maar niettemin herkenbare en betrouwbare productketen. En tegelijk betonen zij zich wereldburgers, die ook aanspreekbaar zijn op abstracte wereldproblemen die ver van hun bed liggen. Voorwaarden voor de inschakeling van consument en natuur in dit type van keten-contexten zijn herkenbaarheid van het probleem en betrouwbaarheid van het keurmerk.

Hoewel sommigen sceptisch zijn over het gebruik door burgerconsumenten van dit soort keurmerken - georganiseerd door actoren hogerop in de keten - is het ons inziens onterecht om de ontwikkeling van betrokkenheid en verantwoordelijkheid van mensen voor natuur via dit mechanisme te bagatelliseren of vroegtijdig als marginaal aan de kant te schuiven. Voor wie welwillend kijkt, zijn er wel degelijk voorzichtige successen te signaleren en één daarvan is het MSC keurmerk. Bovendien is er een rijk potentieel van arrangementen die dichter bij de voedsel(inkoop)praktijken van burger-consumenten staan en die toegepast zouden kunnen worden om het instrument keurmerk breder ingang te doen vinden. Wij denken hierbij aan een versterking van de communicatielijnen naar eindgebruikers door bijvoorbeeld spaarpassen, eco-bonuskaarten, vaste rubrieken en iconen onder een keurmerk-regime systematisch onder de aandacht te brengen van de 'lichtgroen' aangeslagen, 'volgende' burger-consument (Spaargaren, 2000). Dit is niet alleen een taak van de overheid, maar ook van keten-actoren die een sleutelpositie bekleden. De voorbeelden van Unilever en Albert Heijn worden in dit verband terecht genoemd: het betreft hier immers cruciale, machtige keten-actoren die verantwoordelijkheid voor biodiversiteit, natuur en milieu niet uit de weg wensen te gaan.

4. Natuurgebruik tussen eten en beschermen: de consumptie van 'landbouw'-natuur

Er zijn ook andere verbindingen mogelijk tussen keten en consument. We nemen als voorbeeld hier de casus van de grutto, een van de meest bekende weidevogels in Nederland. De grutto is afhankelijk van landbouw, of preciezer: van goed bemeste, natte graslanden. Vanouds komen grutto's in groten getale voor in de weidegebieden van West- en Noord-Nederland. Ze vormen een karakteristiek onderdeel van het door velen gewaardeerde agrarische landschap van veenweidege-bieden. De laatste tien jaar gaat het slecht met de grutto's: hun aantal is ongeveer gehalveerd. Om de trend tegen te gaan zijn aanpassingen nodig in de bedrijfsvoering van melkveehouderijen: zoals uitgestelde maaidata, gewijzigde maaimethoden, en hogere waterstanden. "Een uitdaging om dit te realiseren" stelt Frank Visbeen, voorzitter van Natuurvereniging Waterland in Oogst (17 januari 2003). "Boeren hebben voldoende belangstelling, maar de financiën zijn het belang-rijkst. Ze moeten gecompenseerd worden voor onder meer kwali-teitsverlies van het gras, aanvoer van extra voer en extra arbeids-kosten." Boeren en natuurbeschermers hebben hiertoe claims neer-gelegd bij de overheid. Een benadering via de keten is, voor zover ons bekend, nog niet voorgesteld. Een aantal kenmerken van zo'n bena-dering zijn wel terug te vinden in de actie 'Hou de grutto in het gras' in 2003, waarbij consumenten van biologische zuivelproducten van

Campina met 'gruttozegels' een bedrag spaarden dat later is gedoneerd aan Vogelbescherming Nederland (zie www.grutto.nl).

Bescherming van grutto's en het veenweidelandschap via de keten zou gebaseerd kunnen zijn op een toegevoegde waarde van producten uit deze gebieden, bijvoorbeeld via een beperkte verhoging van de prijs van melkproducten voor de consument, welke ten goede zou komen aan agrarisch natuurbeheer. De waarborg voor de consument zou, net als bij het MSC keurmerk, kunnen worden gesymboliseerd met een label of een vergelijkbaar arrangement. De veronderstelling bij deze benadering is dat consumenten hun waardering voor en verbondenheid met het veenweidelandschap laten meewegen in hun aankoop. In hoeverre zo'n aanpak reëel haalbaar is, kunnen we hier moeilijk zeggen. De lotgevallen van bestaande streekeigen producten, zoals Veenweidekaas en de Zeeuwse Vlegel, laten zien dat realisering heel wat voeten in aarde heeft, vanwege factoren zoals hoge werk- en organisatiedruk op een kleine groep initiatiefnemers, moeilijke keuzes in de vermarkting, concurrentie met andere producten, productie-technische vraagstukken en logistiek.

Wij hebben het gruttovoorbeeld aangehaald om een belangrijk aspect te illustreren dat bij natuurbeheer via de keten van invloed kan zijn: de verbinding tussen de keuze voor producten en betrokkenheid bij een specifieke streek. Anders dan bij het MSC keurmerk schakelt de consument zich niet alleen in binnen een milieuverantwoorde keten, maar geeft hij of zij ook uitdrukking aan de waardering voor een bepaalde streek of een specifiek landschap. In de keuze voor 'grutto-kaas' kunnen praktijken van voeding en recreatie samen-vloeien. De betekenis van een label is daarbij niet alleen gebaseerd op de erkenning van het probleem en het vertrouwen in een min of meer abstracte organisatie, maar ook op concrete persoonlijke erva-ringen van productie en consumptie 'in de streek'. Deze ervaringen (opgedaan tijdens open dagen bij de biologische wijnboer, of via de wandelroutes van het NAJK, of door deelname aan de 'consump-tiepas Waterland' of Wadden, etcetera) geven mede vorm aan de opstelling van de consument ten opzichte van de keten. Wezenlijk voor een dergelijke structurering van de keten zijn enerzijds herken-bare verwijzingen vanuit het landschap naar het product - zodat de productie van zuivel of voedsel door de recreant 'gelezen' kan worden uit het landschap - en anderzijds betrouwbare verwijzingen vanuit het product naar het landschap - die consumenten kunnen overtuigen dat hun aankoop inderdaad de streek ten goede komt. Het komt ons voor dat ook in het geval van streekproductie het accent ten onrechte vaak bij het *produceren* van een goed product ligt, terwijl de insteek via burger-consumenten in deze *age of access* (Rifkin, 2000) op termijn veel beslissender moet worden geacht voor het welslagen van streek-initiatieven.

5. Natuurgebruik in de tuin

In het derde voorbeeld van dit essay, natuur in de tuin, staat natuur-beheer letterlijk nog dichter bij de consument. Groene tuinprojecten zijn er verscheidene in Nederland. Zo werd in de duurzame woonwijk EVA-Lanxmeer te Culemborg onlangs een aantal gemeenschappe-lijke tuinen geopend. Het ontwerp-idee van deze wijk is, om landbouw, natuurontwikkeling, wonen en recreatie bijeen te brengen. In de tuinaanleg komt dat onder andere tot uiting in de indeling van de ruimte en het gebruik van planten en materialen. Een groot deel van de tuinen is ingericht als gemeenschappelijk hoven en waar deze hoven overgaan in privé-tuinen zijn de bekende schuttingen vermeden (Noorduyn & Wals, 2003). Daarmee gaat Lanxmeer een paar stappen verder op de weg die op vele plaatsen in Nederland is ingezet met vlindertuinen, composteervoorzieningen, natuur-projecten, alternatieve waterbeheersystemen en zo voort (zie ook: Martens & Spaargaren, 2002).

Hoewel tuinieren misschien niet direct een kwestie van productie- en consumptieketens lijkt, is het wel degelijk verbonden met een complexe keten van projectontwikkeling en stedelijk ontwerp. Bovendien is tuinieren, wanneer het gaat om duurzame materialen en geschikte vegetatie, afhankelijk van bouwmarkten, tuincentra en kwekers. In dit voorbeeld van natuurbeheer via de keten gaat het dus niet om een verandering in natuurbeheerspraktijken bovenstrooms in de keten via consumentenpraktijken benedenstrooms. 'Bovenstrooms' verwijst hierbij naar de schakels in het begin van de productketen (met name grondstofwinning en landbouw), terwijl 'benedenstrooms' verwijst naar de schakels aan het eind van de productieketen (met name consumptie en afvalverwerking). Het gaat daarentegen wel om het bieden van mogelijkheden voor natuurbeheerspraktijken bij de consument 'thuis', via structurele veranderingen in de toeleveringsketens die hiertoe de voorwaarden kunnen scheppen.

Als het gaat om de ruimtelijke mogelijkheden voor natuurvriendelijke tuinen, speelt de publiek-private keten van wijkontwerp en -beheer een hoofdrol. De situering van de wijk, het nagestreefde profiel van de wijk (waaronder het waterbeheer) en de aanwezige voorzieningen voor bijvoorbeeld groenbeheer en composteren, bepalen in aanzienlijke mate de bandbreedte van natuurvriendelijk tuinieren. Deze mogelijkheden krijgen concreet gestalte in het samenspel van gemeente, projectontwikkelaars en andere initiatiefnemers. Uiteindelijk is het de inzet van bewoners en wijkbeheerders die ingeval van dit soort natuurgebruik de doorslag geeft. Zonder actieve participatie van eindgebruikers in de betrokken netwerken en ketens, is dit type projecten kansloos.

Een tweede relevante en invloedrijke keten voor deze vorm van natuurgebruik is die van de tuinindustrie. In Nederland heeft zich een aanzienlijke markt voor tuinaanleg- en onderhoud ontwikkeld, die zich organiseert via tuincentra, televisie en bladen. Naast producten voor de tuin levert deze sector ook specifieke productinformatie en beelden van tuinen aan de consument. Doorgaans wordt in deze beelden de tuin gepresenteerd als het verlengde van de huiskamer, inclusief de connotaties van verharding, inrichtingsstijl en trendgevoeligheid die dat met zich meebrengt.

Bij natuurvriendelijk tuinieren hoort ons inziens eerder en beter een representatie van *de tuin als verlengde van natuur*; met andere woorden, een beeld waarin wonen in natuur begint bij de achtertuin. Het concept van tuinieren met natuur kan verder worden uitgediept in termen van biodiversiteit in de stad; verbindingen tussen tuinen onderling en met groene gebieden in en om de stad; successie en kringloop in tuinen, en combinaties van recreatief tuinieren en stadslandbouw. Ook voor een dergelijk concept van tuinieren bestaan toeleveringsketens, die commercieel zouden kunnen worden uitgebouwd. In het verlengde van de informatievoorziening, die thans al via organisaties voor natuur- en milieueducatie wordt verzorgd, kunnen we denken aan natuurvriendelijke varianten van populaire tv-programma's als 'Eigen huis en tuin', wat bijvoorbeeld zou leiden tot een programma 'Eigen streek en tuin'.

Dikwijls is erop gewezen dat wanneer we het hebben over ketens, we in feite spreken over netwerken, vanwege de diversiteit van betrokken groepen en de veelheid van onderlinge verbindingen. Voor de ketens die bij dit voorbeeld betrokken zijn, geldt dat bij uitstek. Tuinieren met natuur op enige schaal vraagt om netwerken van commerciële bedrijven, overheden, en natuurorganisaties die in intensief contact met groepen burgers en consumenten een omvattend pakket van producten en diensten kunnen leveren.

6. Evaluatie en voorstellen voor onderzoek

Bovenstaande voorbeelden maken duidelijk dat medeverantwoordelijkheid voor natuur vanuit een ketenbenadering een reële aanvulling kan vormen op de klassieke maar nochtans waardevolle vormen van natuurbescherming. Tevens werd geïllustreerd dat die verantwoordelijkheid veel meer inhoudt dan de keuze van de individuele consument voor losse eindproducten. Natuurbeheer via de keten draait om de vraag hoe consumenten zichzelf via concrete gedragspraktijken van natuurgebruik (laten) inschakelen binnen globale en lokale structuren. Door die inschakeling worden ze niet alleen consument, maar in zekere zin ook coproducent van dergelijke structuren. Uit de voorbeelden komt naar voren dat concrete vormen van natuurgebruik - en de daarmee verbonden morele schema's van verantwoordelijkheid en betrokkenheid - altijd 'van twee kanten uit' ontstaan en geanalyseerd moeten worden. Zij zijn afhankelijk van de wijze waarop producenten en overheden de keten structureren, maar ook van het (gewoonte)gedrag van waarderen, zorgen en genieten door onderscheiden groepen van burger-consumenten. Zij illustreren daarbij tevens dat loyaliteiten, zelfbeelden, natuurbeelden en natuurpraktijken inhoudelijk divers zijn.

Een verdere uitwerking van deze ideeën zou ten eerste aandacht moeten besteden aan de verschillende belangen en consumentgerichte strategieën van bedrijven in de ketens. Nader onderzoek is nodig naar de rol van keurmerken en institutioneel vertrouwen tegenover directe zintuiglijke ervaring en persoonlijk vertrouwen. Het zou interessant zijn te onderzoeken of de *self-narrative* van natuurvriendelijke consumenten symbolisch en concreet kan worden ondersteund (bijvoorbeeld door bij aankoop van producten een bonus van 'natuurpunten' te geven, die vervolgens tegen gereduceerd tarief, of met voorrang, toegang geven tot bepaalde natuuractiviteiten).

Een tweede kernpunt in verder onderzoek is uiteraard wat de rol van de (nationale en decentrale) overheid kan en moet zijn in het (verder) ontwikkelen van dergelijke arrangementen. Niettegenstaande de verschuivende grenzen tussen publiek en privaat, zal de overheid in praktijken van natuurgebruik altijd een belangrijke rol blijven spelen. Daarmee blijft ze ook een belangrijke actor in de hier gepresenteerde netwerken. In vergelijking met het klassieke natuurbeheer is de taak en functie van overheden in de door ons voorgestelde bredere strategie meer divers - variërend van informatievoorziening, (keten)facilitering en overleg tot ruimtelijke ordening en handhaving - en meer flexibel in de tijd.

Ten derde is een serieuze, niet populistische analyse van de rol van burger-consumenten in praktijken van natuurgebruik essentieel, waarbij de keuze van een serie (voor het natuurbeleid) relevante gedragspraktijken kan helpen om aan het bekende 'draagvlak-' en 'natuurbeelden-' onderzoek een nieuwe dimensie toe te voegen.

Een meer gedetailleerde uitwerking van een dergelijke onderzoeksstrategie valt echter buiten de grenzen van dit essay. Wat wij hier hebben willen aantonen is dat de 'inschakeling' van natuur binnen de productie- en consumptieketens - van oceaan tot achtertuin - goede aanknopingspunten biedt voor een bredere visie op de kwestie van medeverantwoordelijkheid van burgers voor natuur.

Literatuur

Abbott, C. et al. (2002). *Business & Biodiversity. The handbook for corporate action.* Geneva: Earthwatch / IUCN / World Business Council for Sustainable Development.

Martens S. & G. Spaargaren (2002). *Duurzaam Wonen.* Den Haag: Vrom.

Noorduyn, L. & A. Wals (2003). *Een tuin van de hele buurt. De weg tot een gemeenschappelijke tuin.* Wageningen: Wetenschapswinkel WUR.

Rifkin, J. (2000). *The age of access.* London: Penguin Books.

Roheim, C.A. (2002). *Early indicators of market impacts from the Marine Stewardship Council's ecolabeling of seafood.* Rhode Island: University of Rhode Island.

Spaargaren, G. (2000). Milieurisico's, voedselketens en de consument. *Tijdschrift voor Sociaal-wetenschappelijk onderzoek van de Landbouw (TSL)*, 15, pp. 88-97

Voor theoretische achtergronden van de concepten gedragspraktijken en natuurbeheer via de keten zie respectievelijk:

Koppen, C.S.A. van (2003). Ecological modernisation and nature conservation. *International Journal of Environment and Sustainable Development* 2, 3, forthcoming.

Spaargaren G. (2001) *Milieuverandering en het alledaagse leven.* Wageningen: Inaugurele Rede Wageningen Universiteit.

11. Slotbeschouwing

Greet Overbeek en Susanne Lijmbach

In dit laatste hoofdstuk blikken we terug op de voorgaande hoofd-stukken en zetten we een aantal opbrengsten op een rij. We beginnen met de maatschappelijke evaluatie. In een ronde tafelgesprek zijn de essays voorgelegd aan Boris van der Ham (woordvoerder voor Landbouw, Milieu en Natuur voor D66 in de Tweede Kamer), Marie José van Lent (senior communicatieadviseur bij Natuurmonumenten) en Willem Schoonen (eindredacteur dagblad Trouw). Wij hebben ze gevraagd naar hun eigen invulling van medeverantwoordelijkheid, de bijdrage van de essays en de voorstellen om medeverantwoordelijk-heid meer vorm te geven. De belangrijkste punten van dit geani-meerde debat staan in de volgende paragraaf weer gegeven. Vervolgens presenteren we onze conclusies en ideeën voor toekom-stig onderzoek.

1. Het ronde-tafelgesprek

Wat hebben jullie persoonlijk met verantwoordelijkheid voor de natuur?
Boris van der Ham: "Ik ben opgegroeid bij de Nieuwkoopse Plassen. Mijn eerste besef van verantwoordelijkheid kwam op toen ik ging zeilen. Zeilen is iets doen *in* de natuur. Als je jouw bootje in het riet aanlegde, waar toen actie tegen gevoerd werd, zag je de andere dag nog waar je aangelegd had. Dat is belangrijk voor de ontwikkeling van die verantwoordelijkheid. Daarvóór keek ik *naar* de natuur."
Willem Schoonen: "Mijn eerste ervaring is hetzelfde als die van Boris, maar dan als zeiler in Noordwest Overijssel. Wij verzetten ons indertijd tegen, wat betreft de natuur, onverantwoorde motorjachten. In de artikelen in *Trouw*, uiteenlopend van duurzaam ondernemen tot nieuwe natuur, gaat het vaak over nieuwe manieren om collectieve en private doelstellingen aan elkaar te knopen. Onze lezers hebben een enorme belangstelling voor natuur. De zaterdagbijlage met wande-lingen en biologische artikelen wordt zeer goed gelezen."
Marie José van Lent: "Ook voor mij zijn jeugdervaringen belangrijk. Deze spelen mee met hoe ik als volwassene met de natuur omga, al

ben ik nu een gewone consument. Ik wandel en fiets in de natuur en geef anderen het mandaat om hiervoor te zorgen. In verschillende essays wordt hier nogal negatief over gedaan ('afkopen van verantwoordelijkheid'), maar ik zie hier niets negatiefs in. We geven voor een heleboel zaken een mandaat aan anderen."

De conclusie is dat jeugdervaringen belangrijk zijn geweest bij de ontwikkeling van verantwoordelijkheid voor natuur. In de essays wordt hier nauwelijks aandacht aan besteed. De meeste gaan over groepen of instituties die betaald natuur beheren (grondeigenaren zoals boeren, terreinbeherende instanties en andere ondernemers), vrijwilligersorganisaties die zorgen *voor* de natuur en consumenten die genieten *van* de natuur. De verknoping met alledaagse bezigheden van andere actoren ontbreekt.

Wat vonden jullie van de essays?
Met het historische essay van Pieter Leroy en Jaap Gersie zit je meteen midden in de problematiek. Het is leuk om te lezen dat juist door de toenemende overheidsbemoeienis met natuur in de vorige eeuw medeverantwoordelijkheid van burgers is ontnomen. De huidige overheid vindt dat de burgers te weinig verantwoordelijk zijn voor de natuur. De typering van de 'onbetrouwbare overheid' in dit artikel is een mooi punt. Het essay van Marleen Buizer is verfrissend, omdat de bestuurskundige bril een nieuwe kijk op de zaak geeft.

Buiten de waardering voor de essays, waren er ook punten van kritiek. Onze gesprekspartners missen een economische kijk op medeverantwoordelijkheid, want dat blijft een belangrijke basis. Ook een vergelijking met het natuurbeleid in het buitenland had er volgens de maatschappelijke deskundigen in gekund, want 'Waar hebben we het over in Nederland?'

Verder wordt het prisoner's dilemma te gemakkelijk door Hans Dagevos en Koen Breedveld opgevoerd als theoretisch model voor het dilemma betreffende individuele verantwoordelijkheid voor de natuur. Het prisoner's dilemma gaat over het coöperatief handelen in een situatie waarin ieder persoonlijk meer krijgt dan bij non-coöperatief handelen. Dit is anders dan het realiseren van een collectief goed zoals natuur, waar niet iedereen bij voorbaat persoonlijk beter van wordt. Collectieve goederen kenmerken zich doordat niemand van het profijt kan worden uitgesloten (non-exclusiviteit) en het gebruik door de ene persoon geen invloed heeft op de gebruiks-mogelijkheden van iemand anders (non-rivaliteit). De redactie van deze bundel tekent hierbij aan dat de auteurs het prisoner's dilemma slechts als middel presenteren om systematiek aan te brengen in de bereidheid van mensen om individuele 'offers' (lasten) te brengen voor de collectieve 'goede' zaak (lusten).

Medeverantwoordelijkheid voor de natuur van wie?
Onze gesprekspartners vinden dat een duidelijk onderscheid gemaakt moet worden tussen de drie maatschappelijke actoren die aange-sproken worden op het nemen van verantwoordelijkheid voor de natuur: bedrijven, burgers en de overheid zelf. Medeverant-woordelijkheid voor de natuur betekent niet dat alle actoren gebieden natuurvriendelijk moeten gaan beheren. De stap tussen natuurdoel-stellingen van de overheid en verantwoordelijkheid nemen door burgers is te groot. Voor, bijvoorbeeld, bedrijven die hier tussenin zitten, vertaalt deze verantwoordelijkheid zich in duurzaam onder-nemen. Je hebt dit middenveld nodig om de betrokkenheid van indi-viduele burgers in stand te houden.

Voor de individuele burger zou de leus "Think globally - act locally" van toepassing kunnen zijn. Burgers zijn alleen te mobiliseren op praktische en/of lokale punten, die voor hen herkenbaar zijn en waaraan hun bijdrage zichtbaar is, zoals gesteld in het essay van Jozef Keulartz en Cor van der Weele. Hiervan zijn succesvolle voorbeelden genoeg, zoals de onlangs gestarte campagne 'Adopteer een kip', die je middels een webcam in de stal kunt bekijken. *Boris van der Ham* denkt daarbij ook aan een gemeentelijke groenbelasting voor een bepaald stukje natuur, omdat hij verwacht dat mensen best bereid zijn om hiervoor te betalen. Marie José van Lent betwijfelt dat, omdat veel mensen nog wel een heleboel andere bestemmingen voor hun belastinggeld weten. Boris van der Ham beaamt dit en verwijst naar reacties van mensen die liever meer geld willen besteden aan gezond-heidszorg, onderwijs, veiligheid. dan aan natuur zoals D66 wil.

Willem Schoonen filosofeert over een mede-aandeelhouderschap, en dus ook zeggenschap, bij terreinen van Natuurmonumenten. *Marie José van Lent* vindt dit wel denkbaar, maar betwijfelt of er dan nog sprake zal zijn van natuurbeheer, omdat de aandeelhouders een breed begrip van natuur hebben. Voor nieuwe natuurgebieden dichtbij de steden die vooral op recreatie gericht zijn, hoeft dit geen probleem te zijn, maar bij kwetsbare natuur zoals het Naardermeer wel. Dan komen allerlei tegenstrijdigheden tussen natuurbeelden naar voren, zoals Bram van de Klundert ook over het Chinese dierenrijk aanhaalt.

Allen zijn van mening dat de overheid een tweesporenbeleid wat betreft natuur moet voeren: het spoor van de Ecologische Hoofd-structuur (EHS, de 'echte' natuur, ons collectief goed waar de overheid of de door haar gesubsidieerde instanties voor zorgen) en het spoor van de 'natuur voor mensen' in gebieden dichtbij de burgers, bij en in de steden. Dit tweesporenbeleid impliceert ook dat de overheid in de 'natuur voor mensen' flexibeler is in haar normen- en kaderstel-ling. De maatschappelijke verbreding van het natuurbeleid zit in dit tweede spoor. In de bundel wordt te veel afgegeven op de EHS en - als alternatief - gepleit voor alleen het tweede spoor. De EHS is volgens onze gesprekspartners nodig om versnippering te voorkomen. De overheid maakt het zichzelf moeilijk door óók 'natuur voor mensen' te willen. Niet dat dit niet wenselijk is, maar het impliceert wel een dubbele opgave voor de overheid.

Ten slotte, wat vinden jullie van de praktische voorstellen in enkele essays?
- *Het beursmodel*

Men ziet wel wat in het beursmodel van Paul Levelink en Peter Nijhoff die voorstellen om de vraag naar natuur van, bijvoorbeeld, provincies en de aanbieders van natuurdiensten van, bijvoorbeeld, agrarische natuurverenigingen bij elkaar te brengen, waarbij de aanbieders door de vragers voor hun diensten betaald dienen te worden.

- *Groene dienstplicht*

De auteurs Jozef Keulartz en Cor van der Weele stellen een groene dienstplicht voor, omdat deze, in tegenstelling tot andere voorbeelden van collectief natuurbeheer, niet de gevaren van geslotenheid, ondoor-zichtig neocorporatisme en gebrek aan democratische legitimiteit kent. Bij een groene dienstplicht wordt democratisch bepaald welke natuur er komt en worden burgers verplicht daaraan hun steentje bij te dragen. De mannelijke gesprekspartners werden echter teveel herinnerd aan de recent afgeschafte militaire dienstplicht en willen die niet terug. Ook denken ze nog verder terug aan de aanleg van het Amsterdamse Bos door werklozen. De aanwezigen waren meer gecharmeerd van het voorbeeld van de Wilhelminapolder, waarin mede-eigenaren bepalen welke natuur daar komt en die opengesteld wordt voor het publiek.

- *Groene keurmerken*

Dit voorstel, een vrije vertaling van het essay van Kris van Koppen en Gert Spaargaren, heeft volgens de aanwezigen potentie, omdat het een middenweg is tussen geld overmaken en zelf een gebied beheren. Positieve punten zijn dat de sector zélf criteria hiervoor opstelt, in plaats van dat deze opgelegd worden door de overheid, en dat consumenten kunnen kiezen. Het probleem van de (on)betrouwbaarheid van een aantal huidige keurmerken kan worden opgelost door een onafhankelijk toezicht door de overheid.

2. Medeverantwoordelijkheid voor natuur(beleid)

Het lanceren van het idee om meer medeverantwoordelijkheid voor natuur(beleid) te vragen, is historisch gezien niet nieuw. Wat uit de essays ook blijkt, is dat een vage invulling van het begrip 'medeverantwoordelijkheid' leidt tot een moreel appèl waar vrijblijvend mee kan worden omgegaan. Zolang de taakverdeling tussen burgers, bedrijven en overheden in verantwoordelijkheden niet duidelijk is, dus wie waar voor wil gaan staan, zal deze vrijblijvendheid ook blijven voortbestaan.

Tegelijkertijd is aangegeven dat medeverantwoordelijkheid ook bekendheid, betrokkenheid en zeggenschap moet inhouden door mee te kunnen beslissen over natuurbeheer en -ontwikkeling. Waar een passieve betrokkenheid hooguit bekendheid vereist, zal een actieve betrokkenheid ook zeggenschap vragen. Medeverantwoordelijkheid zal dus ook ruimte voor zeggenschap en betrokkenheid moeten bieden. In sommige essays worden de EHS en Vogel- en Habitatrichtlijnen gezien als belemmeringen voor betrokkenheid en zeggenschap, omdat deze, op ecologisch-wetenschappelijke gronden, door de overheid zijn vastgelegd. Lagere overheden, maatschappelijke organisaties en burgers kunnen in deze gebieden hooguit betrokken worden bij het beheer.

In enkele essays en in het ronde-tafelgesprek wordt een twee sporen-beleid voorgesteld: actieve betrokkenheid in gebieden waar geen nationale en of Europese wettelijke lijnen zijn uitgezet en beperkte zeggenschap (zoals via stemrecht) en een passieve betrokkenheid (zoals via belastinggelden en sponsoring) in gebieden met de EHS of waar Vogel- en Habitatrichtlijnen gelden.

Wat betreft de passieve betrokkenheid bij deze laatste natuurgebieden, wordt het tijd om burgers als consument, dus als kopers van goederen en diensten aan te spreken. Vaak worden burgers geciteerd als het gaat om de wens om natuur te beschermen en nieuwe natuur aan te leggen (MNP, 2003). Ook het invullen van enquêtes levert vaak een te beperkt beeld over het gedrag van de consument. In een enquête is een sociaal wenselijk antwoord snel gegeven als niet wordt gevraagd naar de prioriteiten voor natuur ten opzichte van andere wensen en verlangens.

Zoals werd opgemerkt, is meer belastinggeld naar natuurgebieden niet erg populair. Uitgaande van het feit dat mensen vooral kijken naar het nut of het ongemak van keuzes is dat niet vreemd. Ook Jozef Keulartz en Cor van de Weele merken in hun essay op dat mensen best een bijdrage willen leveren, als deze maar herkenbaar is. Desondanks zijn er ook bijdragen van veel leden en donaties aan natuurbeschermingsorganisaties die niet altijd herkenbaar zijn in de bescherming van concrete natuurgebieden. De vraag is interessant waarom mensen tegen alle rationaliteit in, dat wil zeggen zonder zichtbaar effect, toch geld voor natuur op tafel leggen (Diederen, 2003).

Hoewel een groot aantal mensen lid is van terreinbeherende organisaties en dus mee sponsort, is de huidige bijdrage van sponsering bij lange niet toereikend. De vraag is of meer overheidsgelden en sponsering alleen lukken als natuur een attractie wordt, liefst met veel public relations, of dat er vaker de kans moet zijn om van natuur te kunnen houden? Gebrekkige mogelijkheden om liefde te ontwikkelen in een door ecologen gedomineerde natuur komen dan echter weer om de hoek. Natuur wordt door velen als mentaal ontoegankelijk gezien. En onbekend maakt onbemind, zoals het spreekwoord zegt.

Tegelijkertijd lijkt een meer tot de verbeelding sprekende communicatie over de achtergronden van de EHS en gebieden *ex* Vogel- en Habitatrichtlijnen, zoals het belang van biodiversiteit, geen overbodige luxe om natuur voor een breder publiek toegankelijk te maken.

In de gebieden met minder wettelijke voorschriften, dus buiten de EHS en de Vogel- en Habitatgebieden, is meer actieve betrokkenheid mogelijk. Dus meer medeverantwoordelijkheid en zeggenschap door burgers en bedrijven. Het gaat hier niet alleen om natuur in de gebouwde omgeving of dichtbij de stad, maar ook in het landelijk gebied. In de essays worden vele voorbeelden hiervan gegeven: natuurbeheer door boeren, recreatiebedrijven of hengelsport-verenigingen, fiets- en wandelpaden rond en tussen dorpen, de Wilhelminapolder, enzovoort. Door te leren van dergelijke burger-initiatieven, zou de overheid de titel van haar nota *Natuur voor mensen, mensen voor natuur* waar kunnen maken.

Een van de verdiensten van de essays is dat zij praktische voorstellen doen om medeverantwoordelijkheid voor natuur mogelijk te maken. Reeds genoemd is het twee sporenbeleid voor natuur. In twee essays ligt de nadruk op marktregulatie. Op bestaande markten kan natuur als toegevoegde waarde worden ingebracht, waarbij wordt gezocht naar nieuwe spelregels om natuur als collectief goed te verbinden met individueel genot (Kris van Koppen en Gert Spaargaren). Paul Levelink en Peter Nijhof stellen een nieuwe markt voor van vragers naar en aanbieders van groene diensten voor. Het voorstel van een groene dienstplicht (Jozef Keulartz en Cor van de Weele) ligt, zoals ook bleek in het ronde tafelgesprek, politiek gevoeliger.

Wij begonnen aan deze bundel met de stelling dat veel mensen - als burgers - natuur wel belangrijk vinden en - als consumenten - van de natuur genieten, waar anderen maar voor moeten zorgen. Wanneer je collectieve goederen privatiseert, zal het probleem van discre-pantie tussen wat mensen zeggen dat ze iets waard vinden en wat ze er feitelijk aan willen bijdragen, zich minder snel voordoen (Diederen, 2003). Nu zal dat bij natuur vanwege de hoge transactiekosten niet snel gebeuren, maar het privatiseren of particulariseren biedt wel mogelijkheden voor mensen om effecten van hun eigen bijdrage en die van anderen te zien, zoals Jozef Keulartz en Cor van der Weele als een belangrijke voorwaarde stelden.

Het particulariseren van natuur heeft verder als voordeel dat natuur een minder door ecologen gedefinieerde 'ver-van-mijn-bed-show' wordt, waar consumenten nauwelijks toegang toe hebben. Institutioneel gezien betekent dat een andere werkwijze van de overheid, waarbij meer ruimte is voor het honoreren van lokale wensen, angsten en onzekerheden. Zoals al is aangegeven, zal dit spoor van natuurbeleid hoofdzakelijk buiten de EHS en Vogel- en Habitat-gebieden kunnen worden opgepakt.

De tijd dat burgers en consumenten twee gespleten werelden vormden, lijkt echter achter ons te liggen (Dagevos & Sterrenberg, 2003), al kun je je wel afvragen of iedere burger natuur(beleid) als een collectief nastrevenswaardig goed beschouwt. In toekomstig onderzoek over medeverantwoordelijkheid voor natuur wordt het tijd om de angst voor de burger die een consument zonder moraal wordt, plaats te laten maken voor de hoop op een consument die ook burgertrekjes krijgt. Deze hoop is niet ongegrond, zoals blijkt uit de huidige vraag van 'koplopende' consumenten naar producten met een 'groen' keurmerk.

In plaats van uitsluitend te reageren op deze vraag, kunnen bedrijven 'met burgertrekjes' deze vraag ook stimuleren met een 'groen' aanbod. De door Kris van Koppen en Gert Spaargaren genoemde tuincentra en tv-programma's die inspelen op natuur-vriendelijk tuinieren zijn aansprekende voorbeelden hiervan. Door de vorm waarop ze worden aangeboden (tv-programma's, sparen van gruttozegels of bekijken van geadopteerde kippen op internet) kunnen bedrijven hun eigen angst en die van sommige consumenten om voor 'geitenwollen sokken' uitgemaakt te worden, wegnemen.

Er ligt nog een terrein braak voor onderzoek hoe consumenten en bedrijven zijn te motiveren tot medeverantwoordelijkheid voor natuur, opdat de valkuil van morele verwijten voor nalatig gedrag (of te hoge ambities) vermeden kan worden. Mensen handelen doorgaans minder rationeel dan wordt gedacht en willen wel verantwoordelijk zijn. Het aansluiten bij de handelingspraktijken van consumenten (eten, tuinieren, recreëren) en bedrijven (maatschappelijk verant-woord of duurzaam ondernemen) is hierbij belangrijk.

Literatuur

Dagevos, H. & L. Sterrenberg (red) (2003): *Burgers en Consumenten. Tussen tweedeling en twee-eenheid.* Wageningen: Wageningen Academic Publishers.

Diederen, P. (2003): Burger, laat die consument met rust! In: Dagevos, H. en L. Sterrenberg (red) (2003): *Burgers en Consumenten. Tussen tweedeling en twee-eenheid.* Wageningen: Wageningen Academic Publishers, p. 19-30.

MNP (2003): *Natuurbalans.* Bilthoven: Milieu- en Natuurplanbureau.

Over de auteurs

Noëlle Aarts is verbonden aan de leerstoelgroep communicatie-management van Wageningen Universiteit, waar zij zich richt op de rol van communicatie in veranderingsprocessen. In 1998 promoveerde zij op een onderzoek naar communicatie en onderhandeling over natuur en natuurbeleid.

Koen Breedveld is werkzaam bij de onderzoeksgroep Tijd, Media en Cultuur van het Sociaal en Cultureel Planbureau te Den Haag. In 1999 promoveerde hij op het proefschrift Regelmatig, onregelmatig: Spreiding van arbeidstijden en de gevolgen voor vrije tijd en recreatie. In het schemergebied tussen werk en vrije tijd is hij voorts hoofd-redacteur van het tijdschrift Vrijetijdstudies.

Marleen Buizer (voorheen: Van den Top) is werkzaam bij Alterra - Wageningen UR. Zij begeleidt gebiedsprocessen waarin de relatie tussen stad en land en de visie Boeren voor Natuur aan de orde is. Naast het werk in projecten doet zij promotieonderzoek naar de praktijk van interactieve beleidsvorming.

Hans Dagevos is consumptiesocioloog en als senior onderzoeker verbonden aan het LEI - Wageningen UR te Den Haag. Recentelijk voerde hij (met Lydia Sterrenberg) de redactie van het boek Burgers en consumenten: Tussen tweedeling en twee-eenheid (2003) en verscheen van zijn hand ondermeer 'Iedere stedeling heeft zijn eigen natuurgevoel' in de bundel Wie is bang voor de stad?: Essays over ruimtelijke ordening, natuur en verstedelijking (2003).

Jaap Gersie is universitair docent bij de leerstoelgroep Milieu en Beleid van de Faculteit der Managementwetenschappen van de KU Nijmegen. Zijn belangstelling, onderwijs en publicaties betreffen onder meer het natuur- en landschapsbeleid in Nederland, in relatie tot andere beleidsterreinen en ontwikkelingen in de samenleving en de wetenschap.

Maarten Jacobs is als senior onderzoeker werkzaam bij Alterra - Wageningen UR, waar hij zich bezighoudt met landschapsbeleving en ruimtelijke ordening. Binnen Wageningen Universiteit doet hij een promotieonderzoek over landschapsbeleving en zoekt hij verbindingen tussen het toegepaste onderzoek en fundamentelere kennis binnen de neurologie en de bewustzijnsfilosofie.

Jozef Keulartz is universitair hoofddocent toegepaste filosofie aan Wageningen Universiteit. Hij publiceerde over sociale en politieke filosofie, bioethiek, milieufilosofie en natuurbeleid. Keulartz is lid van de Wetenschappelijke Adviescommissie Grote Grazers Oostvaarders-plassen. Hij schreef o.a. Struggle for Nature - A Critique of Radical Ecology (1998) en was onder andere redacteur van Pragmatist Ethics for a Technological Culture (2002).

Bram van de Klundert is secretaris van de VROM-raad, voorzitter van de Vereniging Onderzoek Flora en Fauna en heeft een eigen adviespraktijk. Hij heeft bij verschillende ministeries gewerkt aan onder andere de nota Natuur voor Mensen, Mensen voor Natuur en de Vierde Nota over de Ruimtelijke Ordening.

Kris van Koppen is universitair docent bij de leerstoelgroep Milieubeleid van Wageningen Universiteit. Hij is werkzaam op het gebied van natuurwaardering en natuurbeleid enerzijds, en milieuzorg in bedrijven en ketens anderzijds. Recent promoveerde hij op het proefschrift Echte natuur. Een sociaaltheoretisch onderzoek naar natuurwaardering en natuurbescherming in de moderne samenleving (Wageningen, 2002).

Pieter Leroy is hoogleraar bij de leerstoelgroep Milieu en Beleid aan de KU Nijmegen en is (tijdelijk en deeltijds) ook hoogleraar aan de Universiteit Antwerpen. In zijn onderwijs en onderzoek staat de vernieuwing van het milieubeleid in brede zin centraal, in de context van omvattender politieke en maatschappelijke veranderingen.

Paul Levelink is als projectleider verbonden aan het secretariaat van de Raad voor het Landelijk Gebied. Eerder vervulde hij diverse functies binnen met ministerie van Volkshuisvesting, Ruimtelijke Ordening en Milieu en het ministerie van Verkeer en Waterstaat.

Susanne Lijmbach is werkzaam bij het Department Maatschappijwetenschappen aan Wageningen Universiteit. Zij doceerde natuurfilosofie en publiceert over duurzaamheidseducatie.

Peter Nijhoff is oud-directeur van de Stichting Natuur en Milieu en lid van de Raad voor het Landelijk Gebied. Hij is tevens vice-voorzitter van de Raad van Advies Staatsbosbeheer en voorzitter van de Raad van Advies Kenniseenheid Groene Ruimte van Wageningen UR.

Greet Overbeek is senior onderzoeker bij LEI - Wageningen UR en co-leider van het DLO-onderzoeksprogramma Mensen en Natuur. Daarnaast coördineert zij het EU-project Building new relationships in rural areas under urban pressure, waarin het groene landschap centraal staat.

Gert Spaargaren is universitair hoofddocent en bijzonder hoogleraar 'beleid voor duurzame leefstijlen en consumptiepatronen' bij de leerstoelgroep Milieubeleid van Wageningen Universiteit.

Cor van der Weele is senior onderzoeker bij LEI - Wageningen UR en universitair docent toegepaste filosofie bij Wageningen Universiteit. Zij is bioloog en filosoof en publiceerde vooral op het grensgebied van die disciplines, met speciale interesse voor de rol van verbeelding in wetenschap en ethiek. Naast artikelen en rapporten schreef zij Images of Development; Environmental Causes in Ontogeny (1995/1999).

Printed in the United States
by Baker & Taylor Publisher Services